剪映

视频编辑

完全自学教程

龙 飞 ◎编著

U0261291

中国铁道出版社有限公司
CHINA RAILWAY PUBLISHING HOUSE CO., LTD.

内 容 简 介

本书共 14 章，具体内容包括新手入门操作、滤镜调色技巧、制作字幕和贴纸、制作音乐和卡点视频、掌握基本抠图技巧、蒙版合成和关键帧、制作转场和变速技巧、制作片头片尾视频、制作动感相册及 5 个综合案例，分别是《健身日记》《湘江新城》《延时摄影》《长沙，2021 印记》《韵美长沙》。

本书适合广大视频剪辑、影视制作人员，也可作为高等院校影视剪辑相关专业的辅导教材使用。

图书在版编目（CIP）数据

剪映视频编辑完全自学教程：电脑版 / 龙飞编著.—北京：中国铁道出版社有限公司，2022.6

ISBN 978-7-113-29007-8

Ⅰ.①剪… Ⅱ.①龙… Ⅲ.①视频编辑软件-教材 Ⅳ.①TN94

中国版本图书馆CIP数据核字（2022）第045882号

书　　名：**剪映视频编辑完全自学教程（电脑版）**
JIANYING SHIPIN BIANJI WANQUAN ZIXUE JIAOCHENG（DIANNAO BAN）

作　　者：龙　飞

责任编辑：张亚慧　　　编辑部电话：（010）51873035　　　邮箱：lampard@vip. 163. com
编辑助理：张秀文
封面设计：宿　萌
责任校对：苗　丹
责任印制：赵星辰

出版发行：中国铁道出版社有限公司（100054，北京市西城区右安门西街 8 号）
印　　刷：国铁印务有限公司
版　　次：2022 年 6 月第 1 版　　2022 年 6 月第 1 次印刷
开　　本：787 mm×1 092 mm 1/16　印张：15.5　字数：320 千
书　　号：ISBN 978-7-113-29007-8
定　　价：79.00 元

前　言

2021 年 10 月 15 日，剪映专业版更新到了 2.2.0，版本的更新也带来了更多全新的功能。因此，写作这本书的契机也就应运而生。无论是短视频还是长视频，剪映专业版都能轻松搞定，而且得益于其强大的面板和齐全的功能，剪映专业版比其手机版和其他视频剪辑软件更加专业和方便。

剪映的亮点：一是提供多样的专业滤镜，轻松打造质感画面效果；二是众多精致好看的贴纸及文本，丰富你的视频；三是支持视频的变速调节，留下每个精彩瞬间；四是海量的曲库资源，独家抖音曲库让声音更动听。

本书从上百个获得上万、几十万、上百万点赞量的短视频中精选出多个视频案例，用教学视频的方式帮助大家了解软件的功能，做到学用结合。

书中的素材文件包含多种场景的照片和视频素材，风光、人像，应有尽有，尤其是最后两章的视频总结，涉及多张照片和多个延时视频，都是作者专有版权。

书中所有案例，为方便读者深层次地理解内容并执行操作，每一个案例开头都配有二维码，方便查看后期制作的全部过程。

全书共有 14 个视频剪辑专题内容，具体包括基础操作、滤镜调色、字幕贴纸、蒙版和抠图等功能。按功能分章节，由基础到进阶，科学排列，读者学完本书，基本就能掌握剪映专业版的使用技巧。书后面安排的五大实例，素材数量多、时间长、效果丰富，因而更加专业化。这也是剪映电脑版与手机版的最大区别。专业版处理几十个视频、几百张照片完全不会有压力，而手机版则会因为界面太小导致耗时长、内存不足而出现卡顿等情况。

特别提示：本书在编写时是基于当前剪映电脑版本截取的实际操作图片，但书从编写到出版需要一段时间，在这段时间里，软件界面与功能可能会有调整与变化，比如有些功能被删除了，或者增加了一些新的功能等。这些都是软件开发商所做的软件更新。若图书出版后相关软件有更新，请以更新后的实际情况为准，根据书中的提示举一反三进行操作即可。

本书由龙飞编著，提供视频素材和拍摄的人员还有向小红、邓陆英、燕羽、苏苏、巧慧、徐必文、向秋萍、黄建波、谭俊杰等人，在此表示感谢。由于作者知识水平有限，书中难免会有错误和疏漏之处，恳请广大读者批评、指正，联系微信：2633228153。

作　者

2022 年 3 月

目 录

第**3**章　字幕：制作字幕和贴纸　**40**

第**4**章　配乐：制作音乐和卡点视频　**57**

第 **8** 章　剪辑：随心所欲的片头片尾视频　**124**

第 **9** 章　照片变视频：制作动感相册　**143**

目录

第**1**章

基础：新手入门
操作

本章是剪映入门的基础篇，主要涉及视频素材的
导入与导出、缩放变速、定格倒放、旋转裁剪、设置
比例、设置背景、视频防抖及磨皮瘦脸等内容。学会
这些操作，打好基础，让你在之后的视频处理过程中
更加得心应手，打开你学会剪映的大门。

☀ 新手重点索引

▶ 剪辑视频，快速导入和导出素材
▶ 缩放变速，调整视频的播放速度
▶ 定格倒放，让前进的车倒退行驶

☀ 效果图片欣赏

001 剪辑视频，快速导入和导出素材

【效果展示】在剪映 Windows 版中导入素材后，对视频进行分割和删除处理，从而剪辑视频，最后导出时可以选择高帧率、高分辨率等选项，让导出视频的画质更高清，效果如图 1-1 所示。

扫码看案例效果　扫码看教学视频

图 1-1　导入和导出效果展示

▶▶ 步骤 1 进入视频剪映界面，在"媒体"功能区中单击"导入素材"按钮，如图 1-2 所示。

▶▶ 步骤 2 弹出"请选择媒体资源"对话框，❶选择相应的视频素材；❷单击"打开"按钮，如图 1-3 所示。

图 1-2 单击"导入素材"按钮

图 1-3 单击"打开"按钮

▶▶ 步骤 3 将视频素材导入"本地"选项卡中，单击视频素材右下角的➕按钮，如图 1-4 所示，将视频素材导入视频轨道中。

▶▶ 步骤 4 ❶拖动时间指示器至 00：00：03：07 的位置；❷单击"分割"按钮 ❙❙，如图 1-5 所示。

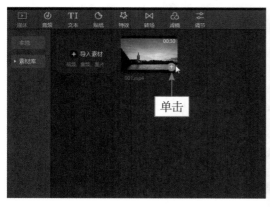

图 1-4 单击相应按钮

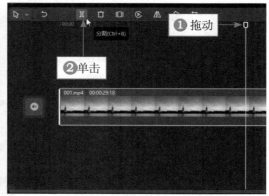

图 1-5 单击"分割"按钮（1）

▶▶ 步骤 5 ❶拖动时间指示器至 00：00：09：13 的位置；❷单击"分割"按钮 ❙❙，如图 1-6 所示。

▶▶ 步骤 6 ❶选择分割出来的第 2 段视频；❷单击"删除"按钮 ▢，即可删除不需要的片段，如图 1-7 所示。

▶▶ 步骤 7 在"播放器"面板下方可以看到视频素材的总播放时长变短了，如图 1-8 所示。

▶▶ 步骤8 视频剪辑完成后，右上角显示视频的草稿参数，如作品名称、保存位置、导入方式及色彩空间，但只有前面两个参数可以更改，单击界面右上角的"导出"按钮，如图1-9所示。

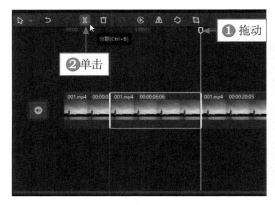

图1-6 单击"分割"按钮（2）

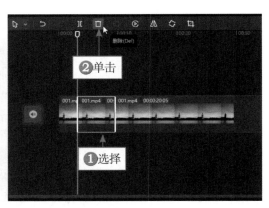

图1-7 单击"删除"按钮

图1-8 查看播放视频的时长

图1-9 单击"导出"按钮

▶▶ 步骤9 在"导出"对话框中的"作品名称"文本框中更改名称，如图1-10所示。

▶▶ 步骤10 单击"导出至"右侧的按钮🗁，弹出"请选择导出路径"对话框，❶选择相应的保存路径；❷单击"选择文件夹"按钮，如图1-11所示。

图1-10 更改"作品名称"

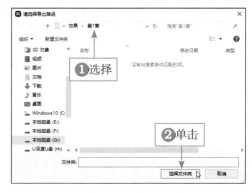

图1-11 单击"选择文件夹"按钮

▶▶步骤 11 在"分辨率"列表框中选择 4K 选项，如图 1-12 所示。

▶▶步骤 12 在"码率"列表框中选择"更高"选项，如图 1-13 所示。

图 1-12 选择 4K 选项

图 1-13 选择"更高"选项

▶▶步骤 13 在"编码"列表框中选择 HEVC 选项，便于压缩，如图 1-14 所示。

▶▶步骤 14 在"格式"列表框中选择 mp4 选项，便于手机观看，如图 1-15 所示。

图 1-14 选择 HEVC 选项

图 1-15 选择 mp4 选项

▶▶步骤 15 ❶在"帧率"列表框中选择 60fps 选项；❷单击"导出"按钮，如图 1-16 所示。

▶▶步骤 16 导出完成后，❶单击"西瓜视频"按钮 ⊙，即可打开浏览器，发布视频至西瓜视频平台；❷单击"抖音"按钮 ♪，即可发布至抖音；❸如果用户不需要发布视频，单击"关闭"按钮，即可完成视频的导出操作，如图 1-17 所示。

图 1-16 单击"导出"按钮

图 1-17 单击"关闭"按钮

002　缩放变速，调整视频的播放速度

扫码看案例效果　扫码看教学视频

【效果展示】在剪映中，用户可以根据需要缩放视频，突出视频的细节，也可以对素材进行变速处理，让视频的播放速度变慢或者变快，效果如图 1-18 所示。

图 1-18　缩放和变速素材效果展示

▶▶ 步骤 1　在剪映中单击导入视频素材右下角的 ➕ 按钮，将素材导入视频轨道中，❶拖动时间指示器至 00:00:09:00 的位置；❷单击"分割"按钮 Ⅱ，如图 1-19 所示。

▶▶ 步骤 2　在操作区中的"画面"选项卡中拖动"缩放"滑块至数值 175%，对分割出来的第 2 段素材进行缩放处理，如图 1-20 所示。

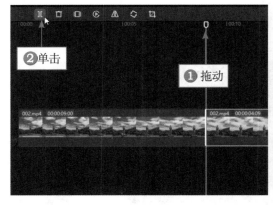

图 1-19　单击"分割"按钮

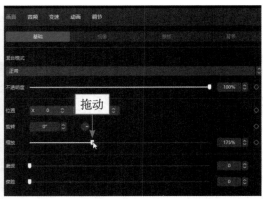

图 1-20　拖动"缩放"滑块

▶▶步骤3 在预览窗口中调整画面的位置，突出细节，如图 1-21 所示。

▶▶步骤4 ❶单击"变速"按钮；❷拖动"倍速"滑块至数值 2.0x，对分割出来的第 2 段素材进行变速处理，如图 1-22 所示。

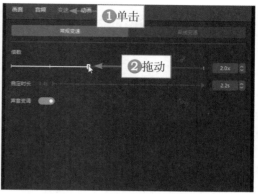

图 1-21　调整画面位置　　　　　图 1-22　拖动"倍数"滑块

▶▶步骤5 添加合适的背景音乐后，单击"导出"按钮，如图 1-23 所示。

图 1-23　单击"导出"按钮

003　定格倒放，让前进的车流倒退行驶

【效果展示】在剪映中，用户可以对视频进行定格处理，留取定格的画面，还可以对视频进行倒放处理，让视频画面倒着播放，这里是让前进的车流倒退行驶，效果如图 1-24 所示。

扫码看案例效果　扫码看教学视频

图 1-24　定格和倒放素材效果展示

▶▶ 步骤 1　在剪映中单击视频素材右下角的**⊞**按钮，将素材导入视频轨道中，单击"定格"按钮**▣**，如图 1-25 所示。

▶▶ 步骤 2　向左拖动定格素材右侧的白框，将素材时长设置为 1s，如图 1-26 所示。

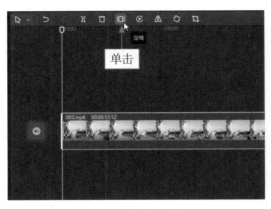
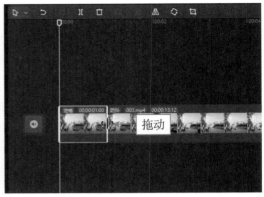

图 1-25　单击"定格"按钮　　　　　　　　图 1-26　拖动右侧的白框

▶▶ 步骤 3　❶选中视频轨道中的第 2 段素材；❷单击"倒放"按钮**▣**，对素材进行倒放处理，如图 1-27 所示。

▶▶ 步骤 4　界面中会弹出片段倒放的进度对话框，如图 1-28 所示。操作完成后，在"播放器"面板中可以查看制作的视频效果。

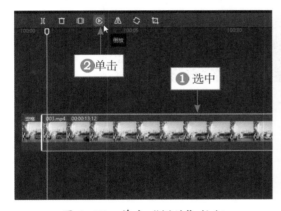

图 1-27　单击"倒放"按钮　　　　　　　　图 1-28　弹出进度对话框

004　旋转裁剪，竖版视频变成横版视频

【效果展示】如果拍出来的视频角度效果不好，可以在剪映中利用旋转功能调整视频角度，还可以裁剪视频，留下想要的视频画面，也可以让竖版视频变成横版视频，效果如图 1-29 所示。

扫码看案例效果　扫码看教学视频

图 1-29　旋转和裁剪素材效果展示

▶▶ 步骤 1　在剪映中单击视频素材右下角的➕按钮，将素材导入视频轨道中，双击"旋转"按钮🔄，把视频画面旋转 180°，如图 1-30 所示。

▶▶ 步骤 2　继续单击"裁剪"按钮📷，如图 1-31 所示。

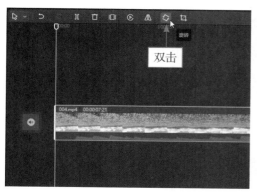

图 1-30　双击"旋转"按钮

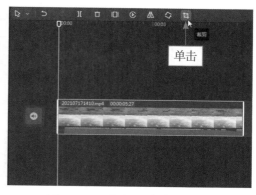

图 1-31　单击"裁剪"按钮

▶▶ 步骤 3　弹出"裁剪"对话框，在"剪裁比例"列表框中选择 16:9 选项，把竖版视频变成横版视频，如图 1-32 所示。

▶▶ 步骤 4　在预览窗口中，❶拖动比例框四周的控制柄，将其调整至合适的位置；❷单击"确定"按钮，如图 1-33 所示。

图 1-32　选择 16:9 选项

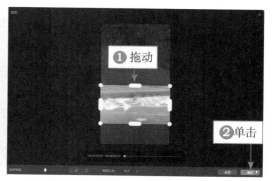

图 1-33　单击"确定"按钮

▶▶ 步骤 5　❶在预览窗口中单击"原始"按钮；❷选择"16:9（西瓜视频）"选项，使视频画面铺满预览窗口，如图 1-34 所示。

▶▶ 步骤6　操作完成后，单击"导出"按钮，如图 1-35 所示。

图 1-34　选择"16:9（西瓜视频）"选项　　　图 1-35　单击"导出"按钮

005　设置比例，横版视频变成竖版视频

【效果展示】在剪映中可以用设置比例的方式改变视频画面，把横版视频变成竖版视频，效果如图 1-36 所示。

扫码看案例效果　扫码看教学视频

图 1-36　设置视频比例效果展示

▶▶ 步骤1　导入视频素材，在预览窗口中单击"原始"按钮，如图 1-37 所示。

▶▶ 步骤2　选择"9:16（抖音）"选项，如图 1-38 所示。

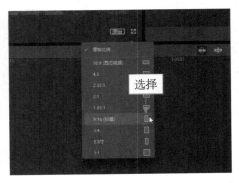

图 1-37　单击"原始"按钮　　　　图 1-38　选择"9:16（抖音）"选项

▶▶ **步骤3** 单击"导出"按钮，如图1-39所示。可以看到视频的画面比例改变了，由横版视频变成了竖版视频。

图1-39 导出并播放视频

006 模糊背景，更加吸引观众眼球

【效果展示】在剪映中可以对视频设置喜欢的背景样式，让背景的黑色区域变成彩色，效果如图1-40所示。

图1-40 设置视频背景效果展示

▶▶ **步骤1** 打开上一例中的效果，在操作区中的"画面"选项卡中单击"背景"按钮，如图1-41所示。

▶▶ **步骤2** 在"背景填充"面板中选择"模糊"选项，如图1-42所示。

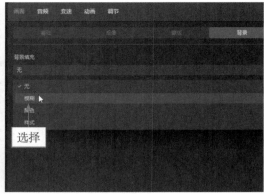

图 1-41　单击"背景"按钮　　　　　　　图 1-42　选择"模糊"选项

▶▶ 步骤 3　在"模糊"面板中选择第 4 个模糊样式，如图 1-43 所示。

▶▶ 步骤 4　此时可以在预览窗口预览精美背景，如图 1-44 所示。

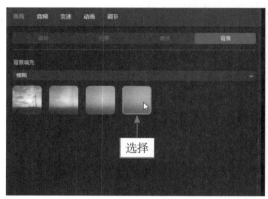

图 1-43　选择第 4 个模糊样式　　　　　　图 1-44　预览背景

▶▶ 步骤 5　单击"导出"按钮，如图 1-45 所示。画面背景由黑屏变成了模糊样式，背景不再单调，画面变得更加精美。

图 1-45　单击"导出"按钮

专家指点：选择背景填充效果时，除了"模糊"样式外，用户还可以选择"颜色"和"样式"进行背景填充。在剪映中有几十种"颜色"背景可供选择，还有几十种"样式"背景，风格十分多样，选择非常丰富。

007　视频防抖，稳定视频画面效果

【效果展示】如果拍视频时设备不稳定，视频一般都会有点儿抖，这时剪映新出的视频防抖功能就起大作用了，稳定视频画面，一键搞定，效果如图 1-46 所示。

扫码看案例效果　扫码看教学视频

图 1-46　视频防抖效果展示

▶▶ 步骤 1　导入视频素材，在操作区中选中底部的"视频防抖"复选框，如图 1-47 所示。

▶▶ 步骤 2　在下方展开的面板中选择"最稳定"选项，如图 1-48 所示。

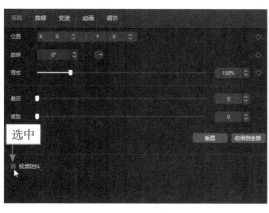 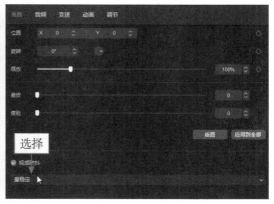

图 1-47　选中"视频防抖"复选框　　　图 1-48　选择"最稳定"选项

▶▶ 步骤 3　单击"导出"按钮，如图 1-49 所示。如果一次防抖设置效果不明显，可以导出再导入，重复几次防抖设置，从而稳定画面。

图 1-49　单击"导出"按钮

008　磨皮瘦脸，美化人物精致面容

【效果展示】在剪映中可以给视频中的人物进行磨皮和瘦脸操作，给人物做美颜处理，美化人物的脸部状态，效果如图 1-50 所示。

扫码看案例效果　扫码看教学视频

图 1-50　磨皮瘦脸效果展示

▶▶　步骤 1　导入视频素材，❶拖动时间指示器至 00:00:01:26 的位置；❷单击"分割"按钮，如图 1-51 所示。

▶▶　步骤 2　在操作区中拖动"磨皮"滑块至数值 100，如图 1-52 所示。

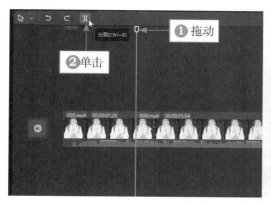

图1-51　单击"分割"按钮

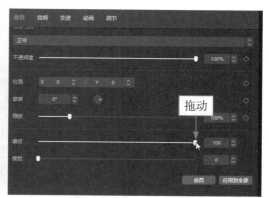

图1-52　拖动"磨皮"滑块

▶▶步骤3　拖动"瘦脸"滑块至数值100，如图1-53所示。

▶▶步骤4　❶单击"特效"按钮；❷在"基础"特效选项卡中添加"变清晰"特效，如图1-54所示。

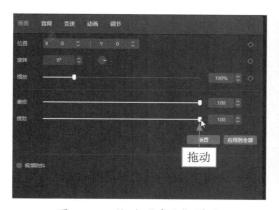

图1-53　拖动"瘦脸"滑块

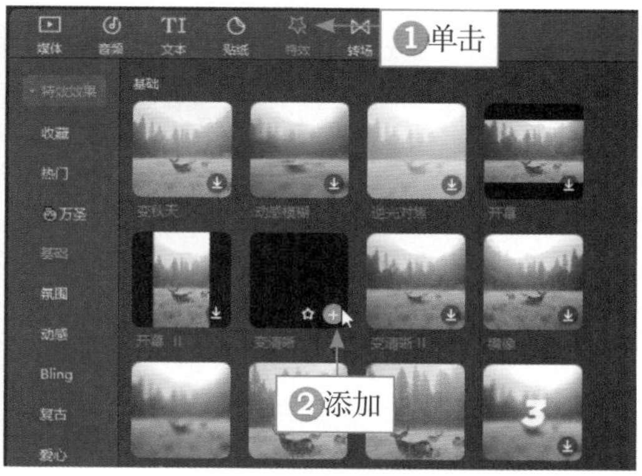

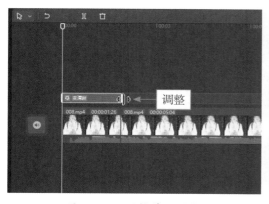

图1-54　添加"变清晰"特效

▶▶步骤5　拖动特效右侧的边框，调整相应时长，如图1-55所示。

▶▶步骤6　调整特效的位置，使其对齐第2段素材的开始位置，如图1-56所示。

图1-55　调整特效时长

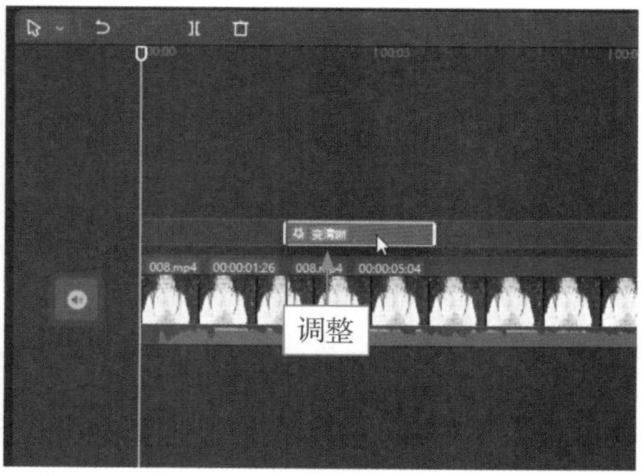

图1-56　调整特效的位置

▶▶步骤7　单击"导出"按钮，如图1-57所示。可以看到人物美化前后有明显的区别，经过磨皮瘦脸处理后，人物的皮肤不仅变得光滑了，脸部轮廓也变小了。如果想要效果更好，可以多重复几次该操作。

图 1-57 单击"导出"按钮

第 **2** 章

处理：滤镜调色
技巧

调色是短视频剪辑中不可或缺的，调出精美的色调可以让短视频更加出彩。本章主要带领大家学习怎样用色卡调出复古色调、克莱因蓝色调、粉紫色调、赛博朋克、油画色调及建筑色调等。学会这些操作，可以帮助用户制作出画面更加精美的短视频作品。

新手重点索引

▶ 复古色调，年代港风

▶ 克莱因蓝，极简纯正

▶ 粉紫色调，唯美梦幻

效果图片欣赏

009　复古色调，年代港风

【效果展示】港风色调下的人像自带复古感，色调主色多是红色，比如复古红或者铁锈红，从而最大限度地突出人像的气场和魅力。原图与效果对比如图 2-1 所示。

扫码看案例效果　扫码看教学视频

图 2-1　原图与效果对比

▶▶ 步骤1 在剪映中将视频素材和色卡素材导入"本地"选项卡中，单击视频素材右下角的➕按钮，把视频素材添加到视频轨道中，如图2-2所示。

▶▶ 步骤2 拖动色卡素材至画中画轨道中，使其对齐视频素材的末尾位置，如图2-3所示。

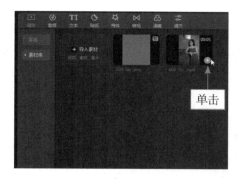 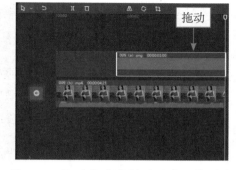

图 2-2　单击相应按钮　　　　图 2-3　拖动色卡素材至画中画轨道中

▶▶ 步骤3 ❶调整色卡素材的画面大小，使其覆盖视频画面；❷在"混合模式"面板中选择"柔光"选项，如图2-4所示。

图 2-4　选择"柔光"选项

▶▶ 步骤4 ❶切换至"特效"功能区；❷单击"变清晰"特效右下角的➕按钮，如图2-5所示。

▶▶ 步骤5 调整"变清晰"特效的时长，使其末尾位置处于视频 00:00:01:21 的位置，如图2-6所示。

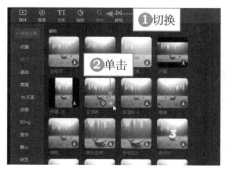

图 2-5　单击"变清晰"特效右下角的➕按钮　　图 2-6　调整"变清晰"特效的时长

▶▶ 步骤6 ❶切换至"复古"选项卡；❷单击"荧幕噪点Ⅱ"特效右下角的➕按钮，如图 2-7 所示。

▶▶ 步骤7 调整"荧幕噪点Ⅱ"特效的时长，使其对齐视频素材的末尾位置，如图 2-8 所示。执行操作后，即可营造出一种昏黄、朦胧的氛围，制作出港风复古街道。

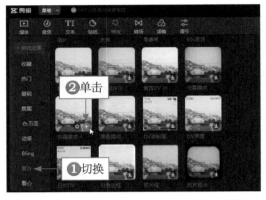 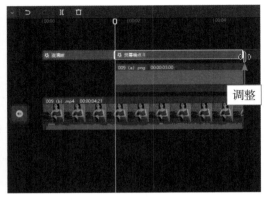

图 2-7　单击"荧幕噪点Ⅱ"特效中的➕按钮　　图 2-8　调整"荧幕噪点Ⅱ"特效的时长

010　克莱因蓝，极简纯正

【效果展示】克莱因蓝是根据艺术家克莱因的名字命名的蓝色，这种色调的特点就是极简，视觉冲击非常强烈，很适合用在有大海的视频中。原图与效果对比如图 2-9 所示。

扫码看案例效果　扫码看教学视频

图 2-9　原图与效果对比

▶▶ 步骤1 在剪映中将视频素材和色卡素材导入"本地"选项卡中，单击视频素材右下角的➕按钮，如图 2-10 所示。

▶▶ 步骤2 把视频素材添加到视频轨道中，拖动色卡素材至画中画轨道中，并调整其时长，使其对齐视频素材的末尾位置，如图 2-11 所示。

▶▶ 步骤3 ❶调整色卡素材的画面大小，使其覆盖视频画面；❷在"混合模式"面板中选择"正片叠底"选项，如图 2-12 所示。

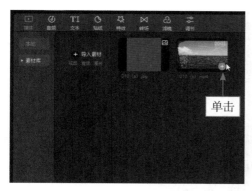

图 2-10　单击视频素材右下角的■按钮

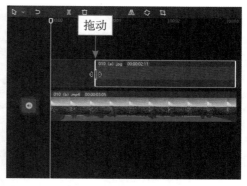

图 2-11　拖动色卡素材至画中画轨道中

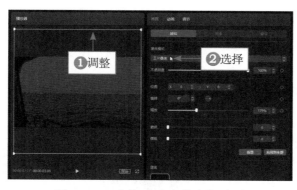

图 2-12　选择"正片叠底"选项

▶▶ 步骤4　❶单击"特效"按钮；❷单击"变清晰"特效右下角的■按钮，如图 2-13 所示。

▶▶ 步骤5　调整"变清晰"特效的时长，使其对齐色卡素材的起始位置，如图 2-14 所示。

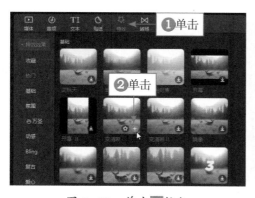

图 2-13　单击■按钮

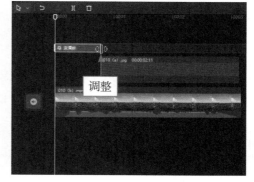

图 2-14　调整"变清晰"特效的时长

▶▶ 步骤6　❶单击"贴纸"按钮；❷在搜索栏中搜索"落日"贴纸；❸单击所选落日贴纸右下角的■按钮，如图 2-15 所示。

▶▶ 步骤7　调整"落日"贴纸的时长，使其对齐视频素材的末尾位置，如图 2-16 所示。

第 2 章

处理：滤镜调色技巧

21

图 2-15　单击相应按钮

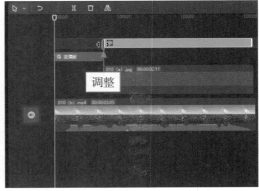

图 2-16　调整"落日"贴纸的时长

▶▶ 步骤 8　调整贴纸的大小和位置，使其处于大海的位置，如图 2-17 所示。执行操作后，在"播放器"面板中可以查看制作的视频效果。

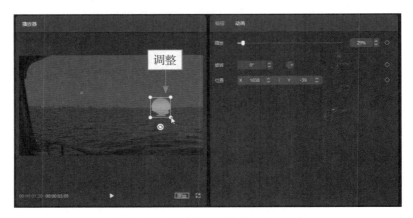

图 2-17　调整贴纸的大小和位置

011　粉紫色调，唯美梦幻

【效果展示】粉紫色调非常适合用在天空和大海视频中，尤其是有夕阳云彩的天空，这种色调十分唯美和梦幻，会令人感到平和。原图与效果对比如图 2-18 所示。

扫码看案例效果　扫码看教学视频

图 2-18　原图与效果对比

▶▶ 步骤1　在剪映中将视频素材导入"本地"选项卡中，单击视频素材右下角的➕按钮，把素材添加到视频轨道中，如图 2-19 所示。

▶▶ 步骤2　❶单击"滤镜"按钮；❷切换至"风景"选项卡；❸单击"暮色"滤镜右下角的➕按钮，如图 2-20 所示，给视频进行初步调色。

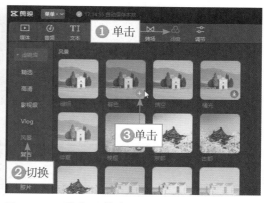

图 2-19　单击视频素材右下角的➕按钮　图 2-20　单击"暮色"滤镜右下角的➕按钮

▶▶ 步骤3　❶单击"调节"按钮；❷单击"自定义调节"右下角的➕按钮，如图 2-21 所示。

▶▶ 步骤4　在时间线面板中调整"暮色"滤镜和"调节 1"的时长，使其对齐视频素材的时长，如图 2-22 所示。

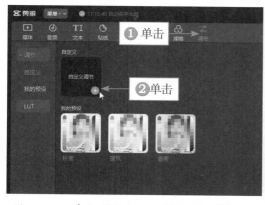

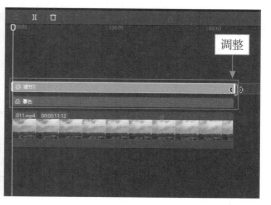

图 2-21　单击"自定义调节"中的➕按钮　　　图 2-22　调整相应时长

▶▶ 步骤5　在"调节"面板中拖动滑块，设置"对比度"参数为 9、"高光"参数为 8、"阴影"参数为 10、"锐化"参数为 10，如图 2-23 所示，校正画面色彩，提高色彩对比度和阴影，并让画面变清晰。

▶▶ 步骤6　拖动滑块，设置"色温"参数为 -10、"色调"参数为 -16、"饱和度"参数为 4，如图 2-24 所示，微微降低色彩饱和度。

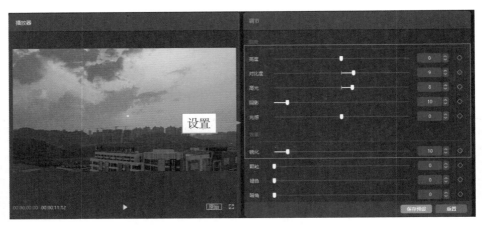

图 2-23　设置相应的参数（1）

图 2-24　设置相应的参数（2）

▶▶ 步骤 7　❶切换至 HSL 选项卡；❷选择紫色选项◯；❸拖动滑块，设置"色相"参数为 8、"饱和度"参数为 9，"亮度"参数为 0，微微增加画面中的紫色色彩，如图 2-25 所示。

图 2-25　设置相应的参数（3）

▶▶ 步骤 8　❶选择洋红色选项◯；❷拖动滑块，设置"饱和度"参数为 8，微微增加画面中的粉色色彩；❸单击"保存预设"按钮，如图 2-26 所示。

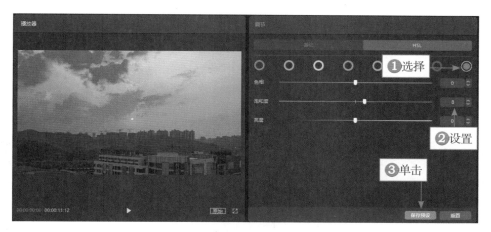

图 2-26　单击"保存预设"按钮

▶▶ 步骤 9 　❶在弹出的面板中输入"粉紫"文字；❷单击"保存"按钮，如图 2-27 所示。

▶▶ 步骤 10 　操作完成后，即可在"我的预设"选项区中设置"粉紫"预设，如图 2-28 所示。

图 2-27　单击"保存"按钮

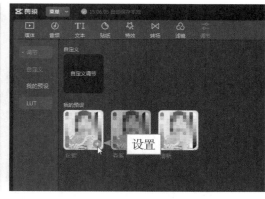

图 2-28　设置"粉紫"预设

▶▶ 步骤 11 　操作完成后，单击"导出"按钮，如图 2-29 所示。

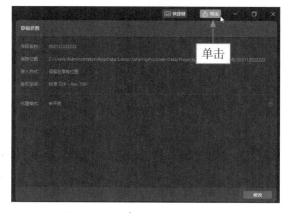

图 2-29　单击"导出"按钮

012 赛博朋克，科技氛围

【效果展示】赛博朋克色调的画面以蓝色和洋红色为主，效果比较偏蓝紫色，整体偏暗，但是依然保留着细节，具有科技感。原图与效果对比如图 2-30 所示。

扫码看案例效果 扫码看教学视频

图 2-30 原图与效果对比

▶▶ 步骤 1 在剪映中将视频素材导入"本地"选项卡中，单击视频素材右下角的 ➕ 按钮，把素材添加到视频轨道中，如图 2-31 所示。

▶▶ 步骤 2 ❶拖动时间指示器至 00:00:01:25 的位置；❷单击"分割"按钮 ❚❚，如图 2-32 所示。

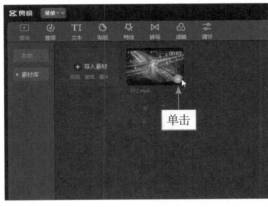 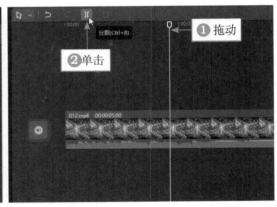

图 2-31 单击视频素材右下角的 ➕ 按钮　　图 2-32 单击"分割"按钮

▶▶ 步骤 3 ❶单击"调节"按钮；❷单击"自定义调节"右下角的 ➕ 按钮，如图 2-33 所示。

▶▶ 步骤 4 调整"调节 1"的时长，对齐视频素材的末尾位置，如图 2-34 所示。

▶▶ 步骤 5 在"调节"面板中拖动滑块，设置"色温"参数为 -50、"色调"参数为 50，如图 2-35 所示，初步调出以蓝色和紫色为主的画面。

图 2-33　单击"自定义调节"右下角的➕按钮

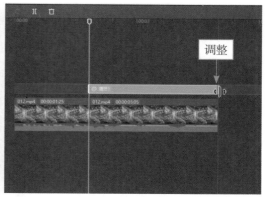

图 2-34　调整相应时长

图 2-35　设置相应的参数（1）

　　▶▶ 步骤 6　❶切换至 HSL 选项卡；❷选择红色选项◎；❸拖动滑块，设置"色相"参数为 -100，让色调偏紫，如图 2-36 所示。用与上相同的操作方法，设置橙色和黄色选项的"色相"参数也为 -100。

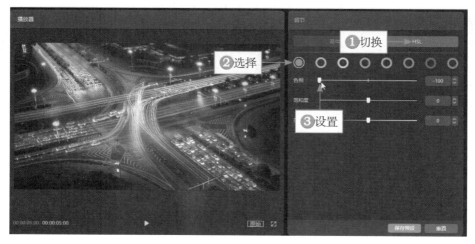

图 2-36　设置相应的参数（2）

▶▶ 步骤 7 ❶选择绿色选项◯；❷拖动滑块，设置"色相"参数为 38，让色调偏蓝，如图 2-37 所示。

图 2-37　设置相应的参数（3）

▶▶ 步骤 8 用与上相同的操作方法，拖动滑块，设置青色选项的"色相"参数为 43、蓝色选项的"色相"参数为 -58、紫色选项的"色相"参数为 32、洋红色选项的"色相"参数为 -100，让色调偏蓝紫色，如图 2-38 所示。

图 2-38　设置相应的参数（4）

▶▶ 步骤 9 ❶单击"特效"按钮；❷切换至"基础"选项卡；❸单击"变清晰"特效右下角的 ➕ 按钮，添加特效，如图 2-39 所示。

▶▶ 步骤 10 调整"变清晰"特效的时长，对齐视频素材的相应位置，如图 2-40 所示。在"播放器"面板中可以查看制作的视频效果。

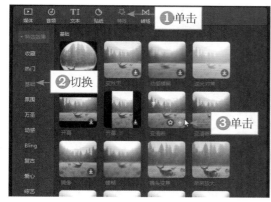
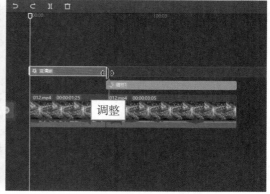

图 2-39　单击"变清晰"特效中的➕按钮　　　　图 2-40　调整"变清晰"特效时长

013　油画色调，纹理清晰

【效果展示】油画色调色彩丰富，画面纹理清晰，图像逼真又写实，非常适合用于风光视频中。原图与效果对比如图 2-41 所示。

扫码看案例效果　扫码看教学视频

图 2-41　原图与效果对比

▶▶ 步骤 1　在剪映中将视频素材导入"本地"选项卡中，单击视频素材右下角的➕按钮，把素材添加到视频轨道中，如图 2-42 所示。

▶▶ 步骤 2　❶拖动时间指示器至视频 00：00：01：22 的位置；❷单击"分割"按钮Ⅱ，如图 2-43 所示。

▶▶ 步骤 3　❶单击"特效"按钮；❷切换至"纹理"选项卡；❸单击"油画纹理"特效右下角的➕按钮，如图 2-44 所示。添加油画特效，进行初步调色。

▶▶ 步骤 4　调整"油画纹理"特效的时长，对齐视频素材的末尾位置，如图 2-45 所示。

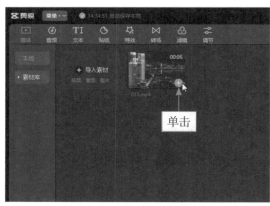

图 2-42　单击相应按钮

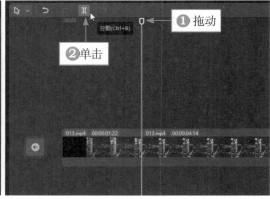

图 2-43　单击"分割"按钮

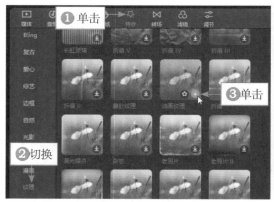

图 2-44　单击相应按钮

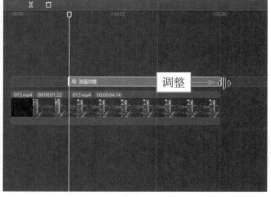

图 2-45　调整"油画纹理"特效的时长

▶▶　步骤5　❶单击"调节"按钮；❷单击"自定义调节"右下角的 ➕ 按钮，如图 2-46 所示，添加"调节1"轨道，用来调整视频的色彩参数。

▶▶　步骤6　调整"调节1"的时长，对齐视频素材的末尾位置，如图 2-47 所示。

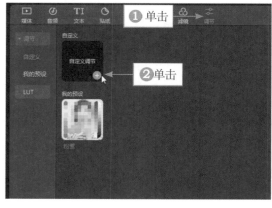
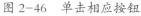

图 2-46　单击相应按钮

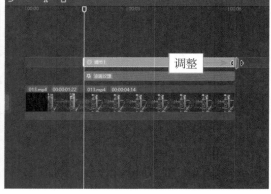

图 2-47　调整"调节1"的时长

▶▶　步骤7　在"调节"面板中拖动滑块，设置"饱和度"参数为 50、"对比度"参数为 12、"锐化"参数为 100、"颗粒"参数为 50、"褪色"参数为 30，如图 2-48

所示，调整画面色彩和明度，使油画效果更加明显。

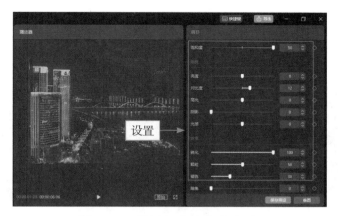

图 2-48　设置相应的参数（1）

▶▷ 步骤 8　❶切换至 HSL 选项卡；❷选择红色选项◎；❸拖动滑块，设置"饱和度"参数为 100，提高画面中红色物体的色相饱和度，如图 2-49 所示。

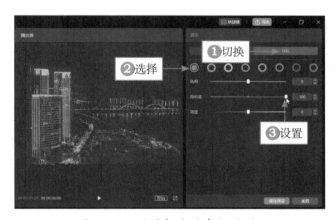

图 2-49　设置相应的参数（2）

▶▷ 步骤 9　❶选择蓝色选项◎；❷拖动滑块，设置"饱和度"参数为 100、"亮度"参数为 60，如图 2-50 所示。

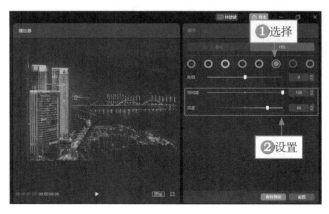

图 2-50　设置相应的参数（3）

▶▶步骤 10 ❶单击"特效"按钮；❷切换至"氛围"选项卡；❸单击"星火"特效右下角的➕按钮，添加特效，如图 2-51 所示。

▶▶步骤 11 调整"星火"特效的时长，对齐视频素材的末尾位置，如图 2-52 所示。上述操作完成后，即为调色成功。添加相应的音乐，即可导出效果。

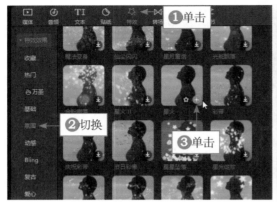

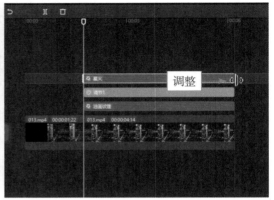

图 2-51　单击"星火"特效中的➕按钮　　图 2-52　调整"星火"特效的时长

014　建筑调色，色彩明快

【效果展示】古代高楼建筑色彩明快，看起来极为醒目，后期调色再增加一些彩色的云朵，更能增添梦幻色彩。原图与效果对比如图 2-53 所示。

扫码看案例效果　扫码看教学视频

图 2-53　原图与效果对比

▶▶步骤 1 在剪映中将视频素材导入"本地"选项卡中，单击视频素材右下角的➕按钮，把素材添加到视频轨道中，如图 2-54 所示。

▶▶步骤 2 ❶拖动时间指示器至视频 00:00:01:06 的位置；❷单击"分割"按钮⟨⟩，如图 2-55 所示。

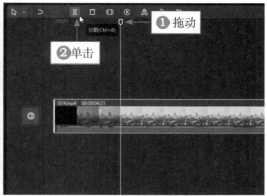

图 2-54 单击视频素材右下角的➕按钮 　　　图 2-55 单击"分割"按钮

▶▶ 步骤 3 ❶单击"调节"按钮；❷单击"自定义调节"右下角的➕按钮，如图 2-56 所示。

　　　▶▶ 步骤 4 调整"调节 1"的时长，对齐视频素材的末尾位置，如图 2-57 所示。

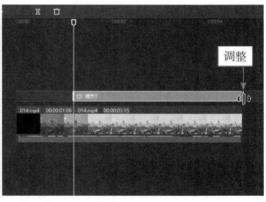

图 2-56 单击相应按钮 　　　　　　　　图 2-57 调整"调节 1"的时长

▶▶ 步骤 5 在"调节"面板中拖动滑块，设置"亮度"参数为 18、"对比度"参数 为 −13、"高光"参数为 9、"阴影"参数为 8，"光感"参数为 −15，如图 2-58 所示。

图 2-58 设置相应的参数（1）

▶▶ 步骤6 拖动滑块，设置"色温"参数为 −31、"色调"参数为 −11、"饱和度"参数为 21，如图 2-59 所示，微微调整画面色彩。

图 2-59 设置相应的参数（2）

▶▶ 步骤7 ❶切换至 HSL 选项卡；❷选择红色选项◎；❸拖动滑块，设置"饱和度"参数为 100、"亮度"参数为 −35，提亮画面中建筑物的红色色彩，如图 2-60 所示。

图 2-60 设置相应的参数（3）

▶▶ 步骤8 ❶选择橙色选项◎；❷拖动滑块，设置"色相"参数为 −47、"饱和度"参数为 51，稍微调整建筑物的色彩，如图 2-61 所示。

图 2-61 设置相应的参数（4）

▶▶ 步骤 9　❶选择黄色选项◯；❷拖动滑块，设置"饱和度"参数为 40，提亮树木的色彩，如图 2-62 所示。

图 2-62　设置相应的参数（5）

▶▶ 步骤 10　❶选择绿色选项◯；❷拖动滑块，设置"饱和度"参数为 48，让树木的色彩更加饱满，如图 2-63 所示。

图 2-63　设置相应的参数（6）

▶▶ 步骤 11　❶选择青色选项◯；❷拖动滑块，设置"色相"参数为 6、"饱和度"参数为 100，调整天空的色彩，如图 2-64 所示。

图 2-64　设置相应的参数（7）

▶▶ 步骤 12　❶选择蓝色选项◎；❷拖动滑块，设置"色相"参数为 15、"饱和度"参数为 25，让天空更蓝，如图 2-65 所示。

图 2-65　设置相应的参数（8）

015　梦幻山脉，引人入胜

【效果展示】山脉中的风景一般都很漂亮，然而由于光线的原因，拍出来的画面可能平平无奇，这时需要后期调色，让山脉中的植被和河流恢复色彩，使其梦幻十足，引人入胜。原图与效果对比如图 2-66 所示。

扫码看案例效果　扫码看教学视频

图 2-66　原图与效果对比

▶▶ 步骤 1　在剪映中将视频素材导入"本地"选项卡中，单击视频素材右下角的 ➕ 按钮，把素材添加到视频轨道中，如图 2-67 所示。

▶▶ 步骤 2　❶拖动时间指示器至视频 00:00:01:15 的位置；❷单击"分割"按钮 Ⅱ，如图 2-68 所示。

图 2-67　单击视频素材右下角的██按钮

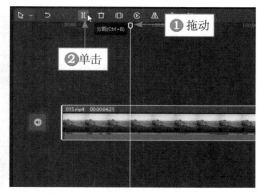

图 2-68　单击"分割"按钮

▶▶ 步骤3　❶单击"调节"按钮；❷单击"自定义调节"右下角的██按钮，如图2-69所示。

▶▶ 步骤4　在时间线面板中生成"调节1"轨道，调整视频的色彩时长。如图2-70所示。

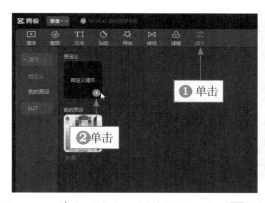

图 2-69　单击"自定义调节"右下角的██按钮

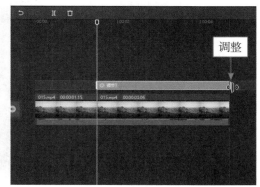

图 2-70　调整相应时长

▶▶ 步骤5　在"调节"面板中拖动滑块，设置"亮度"参数为18、"对比度"参数为5、"高光"参数为−12、"阴影"参数为11、"光感"参数为4，如图2-71所示，降低曝光，增强色彩对比度。

图 2-71　设置相应的参数（1）

▶▷ 步骤6 ❶切换至 HSL 选项卡；❶选择黄色选项◯；❷拖动滑块，设置"色相"参数为 63、"饱和度"参数为 –3，让枯草变成嫩黄色，如图 2-72 所示。

图 2-72　设置相应的参数（2）

▶▷ 步骤7 ❶选择绿色选项◯；❷拖动滑块，设置"色相"参数为 35、"饱和度"参数为 73、"亮度"参数为 24，让树更绿，如图 2-73 所示。

图 2-73　设置相应的参数（3）

▶▷ 步骤8 ❶选择青色选项◯；❷拖动滑块，设置"色相"参数为 7、"饱和度"参数为 58、"亮度"参数为 30，调整画面中的青色色彩，如图 2-74 所示。

图 2-74　设置相应的参数（4）

▶▷ 步骤9 ❶选择蓝色选项◯；❷拖动滑块，设置"色相"参数为 10、"饱和度"参数为 8、"亮度"参数为 9，调整画面中蓝色的颜色，如图 2-75 所示。

图 2-75 设置相应的参数（5）

▶▶步骤 10 ❶单击"特效"按钮；❷单击"变清晰"特效右下角的➕按钮，如图 2-76 所示。

▶▶步骤 11 调整"变清晰"特效的时长，使其对齐视频的分割位置，如图 2-77 所示。

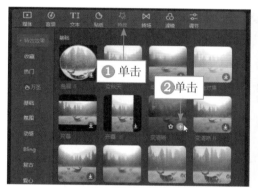

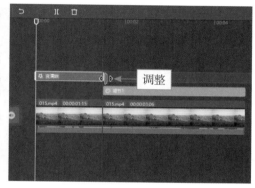

图 2-76 单击"变清晰"特效右下角的➕按钮　图 2-77 调整"变清晰"特效的时长

▶▶步骤 12 ❶切换至"氛围"选项卡；❷单击"星火"特效右下角的➕按钮，给视频添加特效，如图 2-78 所示，

▶▶步骤 13 调整"星火"特效的时长，使其对齐视频素材的末尾位置，如图 2-79 所示。操作完成后，即为调色成功。

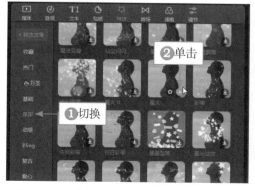

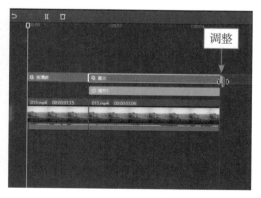

图 2-78 单击"星火"特效中的➕按钮　图 2-79 调整"星火"特效的时长

第 **3** 章

字幕：制作
字幕和贴纸

我们在刷短视频的时候，经常可以看到很多短视频中都添加了字幕效果，或用于歌词，或用于语音解说，让观众在短短几秒内就能看懂更多视频内容，同时，这些文字还有助于观众记住发布者想要表达的信息，吸引他们点赞和关注。

▶ 添加文本，设置文字样式

▶ 选择花字，添加模板样式

▶ 贴纸效果，增加视频趣味

🔅 效果图片欣赏

016　添加文本，设置文字样式

【效果展示】在剪映 Windows 版中可为视频添加文字，增加视频内容，添加文字后还可以设置样式和添加文字动画，丰富文字形式，让图文更加美观，效果如图 3-1 所示。

扫码看案例效果　扫码看教学视频

图 3-1　设置文字样式效果展示

▶▶ 步骤 1　在剪映中导入视频素材，❶单击"文本"按钮；❷在"新建文本"选项卡中单击"默认文本"中的 ➕ 按钮，如图 3-2 所示。

图 3-2　单击"默认文本"中的➕按钮

▶▶步骤 2　在操作区的"文本"选项卡中删除原有的"默认文本"字样，输入新的文字内容，如图 3-3 所示。

图 3-3　输入新的文字内容

▶▶步骤 3　选择一款相应的字体，❶单击"颜色"右侧的下拉按钮；❷选择相应的颜色选项，如图 3-4 所示。

图 3-4　选择相应的颜色选项

▶▶步骤 4　❶切换至"排列"选项卡；❷选择第 4 款排列样式；❸调整文字的大小和位置，如图 3-5 所示。

图 3-5　调整文字的大小和位置

▶▶ 步骤5　调整文字的时长，对齐视频素材时长，如图 3-6 所示。

▶▶ 步骤6　❶切换至"动画"操作区；❷在"入场"选项卡中选择"向上滑动"动画；❸设置"动画时长"为 3.0s，如图 3-7 所示。

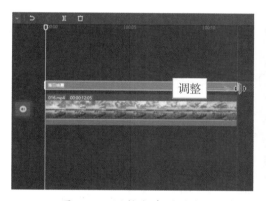

图 3-6　调整文字的时长

图 3-7　设置"动画时长"参数

▶▶ 步骤7　❶切换至"出场"选项卡；❷选择"溶解"动画；❸设置"动画时长"为 2.0s，如图 3-8 所示。

▶▶ 步骤8　为文字添加动画效果，单击"导出"按钮，如图 3-9 所示。可以看到文字在左边从下往上升起，视频结束时溶解消失，添加文字可以丰富视频内容。

图 3-8　设置相应动画

图 3-9　单击"导出"按钮

017 选择花字，添加模板样式

扫码看案例效果 扫码看教学视频

【效果展示】如果视频中有一些瑕疵或者水印，可以添加花字和气泡进行遮挡，而且还可以丰富视频内容。剪映中还自带了文字模板，款式多样而且不需要设置样式，一键即可套用，非常方便，效果如图 3-10 所示。

图 3-10　花字模板样式效果展示

▶▶ 步骤 1　在剪映中导入一段视频素材并将其添加到视频轨道中，如图 3-11 所示。

▶▶ 步骤 2　❶单击"文本"按钮；❷在"新建文本"选项卡中选择"花字"选项；❸单击所选花字右下角的 ⊕ 按钮，如图 3-12 所示。

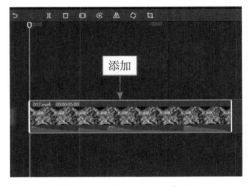 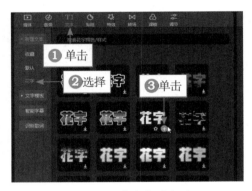

图 3-11　添加视频素材　　　　　　图 3-12　单击相应按钮

▶▶ 步骤 3　在操作区的"文本"选项卡中删除原有的"默认文本"字样，输入新的文字内容，如图 3-13 所示。

图 3-13　输入新的文字内容

▶▶ 步骤4　❶切换至"气泡"选项卡；❷选择一款气泡样式；❸调整文字的大小和位置，如图 3-14 所示。

图 3-14　调整文字的大小和位置

▶▶ 步骤5　❶单击"文本"按钮，切换至"文字模板"选项卡；❷在"标记"选项区中选择一款模板；❸调整模板的大小和位置，如图 3-15 所示。

图 3-15　调整模板的大小和位置

▶▶ 步骤6　调整两段文字的时长，对齐视频素材的时长，如图 3-16 所示。在"播放器"面板中可以查看制作的视频效果。

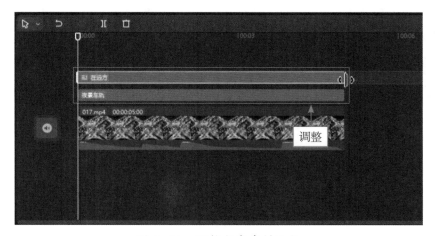

图 3-16　调整文字素材时长

018　贴纸效果，增加视频趣味

扫码看案例效果　扫码看教学视频

【效果展示】剪映能够直接给短视频添加贴纸效果，让短视频画面更加精彩、有趣，更能吸引大家的目光，效果如图 3-17 所示。

图 3-17　添加贴纸效果展示

▶▶步骤1　在剪映中导入视频素材并将其添加到视频轨道中，如图 3-18 所示。

▶▶步骤2　❶单击"贴纸"按钮；❷切换至"炸开"选项卡；❸选择相应贴纸并单击➕按钮，如图 3-19 所示。

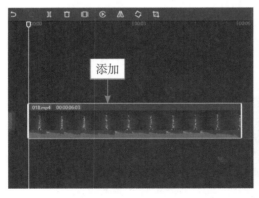 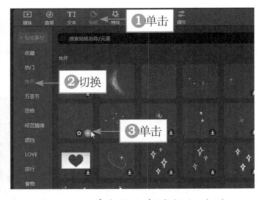

图 3-18　添加视频素材　　　　图 3-19　单击添加相应按钮（1）

▶▶步骤3　执行操作后，❶即可添加一个贴纸；❷将时间指示器拖动至 00:00:00:15 的位置，如图 3-20 所示。

▶▶步骤4　在预览窗口中，可以查看并调整贴纸的大小和位置，如图 3-21 所示。

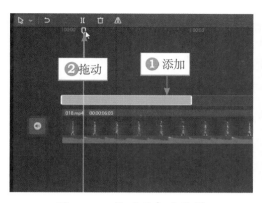

图 3-20 拖动至相应位置 　　　　　　　图 3-21 调整贴纸的大小和位置（1）

▶▶ 步骤5 ❶单击"贴纸"按钮；❷切换至"炸开"选项卡；❸选择相应贴纸并单击 ➕ 按钮，如图 3-22 所示。

▶▶ 步骤6 执行操作后，即可添加第 2 个烟花贴纸，将时间指示器拖动至 00:00:01:10 的位置处，在预览窗口中可以查看并调整贴纸的大小和位置，如图 3-23 所示。

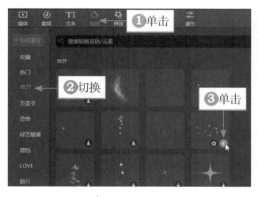

图 3-22 单击添加相应按钮（2）　　　　图 3-23 调整贴纸的大小和位置（2）

▶▶ 步骤7 用与上相同的操作方法，在 00:00:02:15 及 00:00:03:16 的位置处各添加一个贴纸，如图 3-24 所示。在预览窗口中调整好贴纸的大小和位置，即可将视频制作完成。

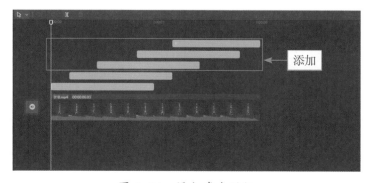

图 3-24 添加多个贴纸

019 创建字幕，添加视频解说词

【效果展示】在剪映中运用识别字幕功能就能识别视频中的人声自动生成字幕，后期稍微设置一下即可制作解说词，非常方便，效果如图 3-25 所示。

扫码看案例效果 扫码看教学视频

图 3-25 创建字幕效果展示

▶▶ 步骤 1 在剪映中导入视频素材并将其添加到视频轨道中，如图 3-26 所示。

▶▶ 步骤 2 ❶单击"文本"按钮；❷切换至"智能字幕"选项卡；❸单击"开始识别"按钮，如图 3-27 所示。

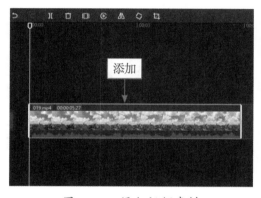 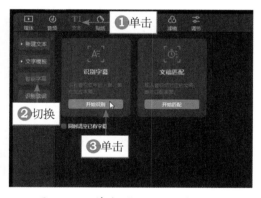

图 3-26 添加视频素材　　　　　图 3-27 单击"开始识别"按钮

专家指点：识别字幕是识别音频中的人声，自动生成字幕，而文稿匹配是输入音视频对应的文稿，并自动匹配画面。

▶▶ 步骤 3 弹出"字幕识别中"进度框，如图 3-28 所示。

▶▶ 步骤 4 识别完成后生成文字，后期根据需要调整文字内容，如图 3-29 所示。

▶▶ 步骤 5 ❶为文字选择一款合适的字体；❷单击"导出"按钮🖥，如图 3-30 所示。视频根据语音自动生成解说字幕，非常方便，免去了手动添加字幕的麻烦。

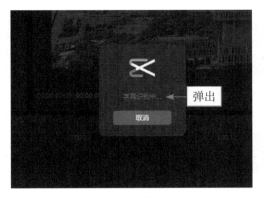

图 3-28　弹出相应进度框

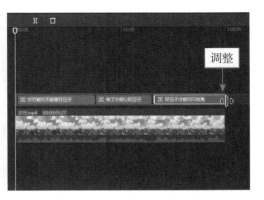

图 3-29　调整相应对话框

图 3-30　单击"导出"按钮

020　识别歌词，制作卡拉 OK 字幕

【效果展示】利用剪映的歌词识别和文本动画功能，可以制作音乐 MV 中的卡拉 OK 文字效果，如图 3-31 所示。

扫码看案例效果　扫码看教学视频

图 3-31　制作卡拉 OK 文字效果展示

▷▷ 步骤 1　在剪映中导入视频素材并将其添加到视频轨道中，如图 3-32 所示。

▷▷ 步骤 2　❶单击"文本"按钮；❷切换至"识别歌词"选项卡；❸单击"开始识别"按钮，如图 3-33 所示。

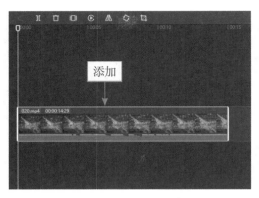

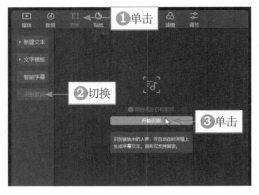

图 3-32　添加视频素材　　　　　　　　图 3-33　单击"开始识别"按钮

▶▶步骤3　弹出"歌词识别中"进度框，如图 3-34 所示。

▶▶步骤4　识别完成后生成文字，后期根据需要调整文字内容，如图 3-35 所示。

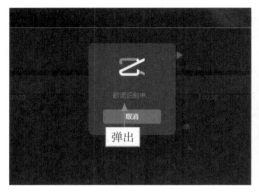

图 3-34　弹出"歌词识别中"进度框　　　　图 3-35　调整文字内容

▶▶步骤5　取消选中"文本、排列、气泡、花字应用到全部歌词"复选框，如图 3-36 所示。

图 3-36　取消选中相应复选框

▶▶步骤6　选择第 1 段文字，切换至"动画"操作区，❶在"入场"选项卡中选择"卡拉 OK"动画；❷设置"动画时长"为最大，如图 3-37 所示。

▶▶ 步骤7 选择第2段文字，在"入场"选项卡中，❶选择"卡拉OK"动画；❷设置"动画时长"为最大，如图3-38所示。用与上相同的操作方法设置其他两段文字入场动画。

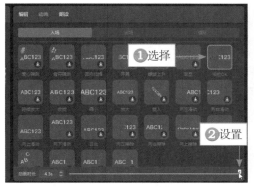

图 3-37　设置"动画时长"为最大（1）　　图 3-38　设置"动画时长"为最大（2）

> 专家指点：使用剪映的"卡拉OK"文本动画，歌词字幕会根据音乐节奏一个字接一个字地慢慢变换颜色。

▶▶ 步骤8 调整4段文字的大小和位置，如图3-39所示。设置相应字体，在"播放器"面板中可以查看制作的视频效果。

图 3-39　调整文字的大小和位置

021　文字消散，片头文字溶解

【效果展示】利用剪映的文本动画和混合模式合成功能，同时结合粒子视频素材，可以制作出片头文字溶解消散效果，如图3-40所示。

扫码看案例效果 扫码看教学视频

字幕：制作字幕和贴纸

第3章

51

图 3-40　文字溶解消散效果

▶▶ 步骤 1　在剪映中导入视频素材，如图 3-41 所示。

▶▶ 步骤 2　❶将两段视频素材添加到视频轨道中；❷选择第 1 段视频，如图 3-42 所示。

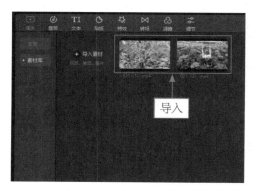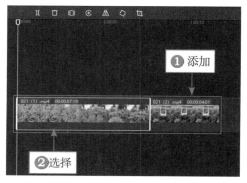

图 3-41　导入视频素材　　　　　　　　　图 3-42　选择第 1 段视频

▶▶ 步骤 3　❶切换至"动画"操作区；❷在"入场"选项卡中选择"渐显"选项；❸设置"动画时长"为 1.0s，如图 3-43 所示。

▶▶ 步骤 4　选择视频轨道上的第 2 段视频，如图 3-44 所示。

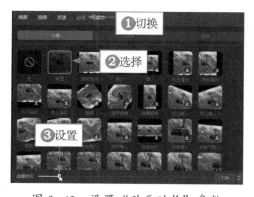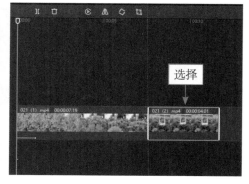

图 3-43　设置"动画时长"参数　　　　　　图 3-44　选择第 2 段视频

▶▶ 步骤 5　在"动画"操作区中，❶切换至"出场"选项卡；❷选择"渐隐"选项；❸设置"动画时长"为 0.5s，如图 3-45 所示。

▶▶ 步骤 6　❶切换至"转场"功能区；❷展开"基础转场"选项卡；❸单击"叠化"

转场中的 ➕ 按钮，如图 3-46 所示。

图 3-45 设置"动画时长"参数

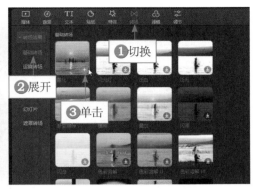

图 3-46 单击"叠化"转场中的 ➕ 按钮

▶▶ 步骤 7 执行操作后，即可在视频轨道的两个素材之间添加一个转场，如图 3-47 所示。

▶▶ 步骤 8 在"转场"操作区中，设置"转场时长"为 1.0s，如图 3-48 所示。

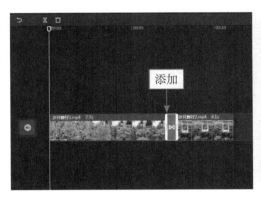

图 3-47 添加一个转场

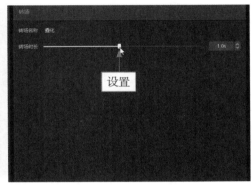

图 3-48 设置"转场时长"参数

▶▶ 步骤 9 在音乐素材库中，为视频添加合适的背景音乐，调整音乐时长与素材一致，如图 3-49 所示。

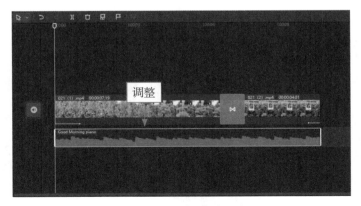

图 3-49 调整音乐时长

▶▶ 步骤 10　在"文本"功能区的"新建文本"选项卡中，单击"默认文本"中的 ➕ 按钮，如图 3-50 所示。

图 3-50　单击"默认文本"中的 ➕ 按钮

▶▶ 步骤 11　执行操作后，即可添加一个默认文本，在"编辑"操作区中的文本框中输入相应的文字内容，如图 3-51 所示。

图 3-51　输入相应的文字内容

▶▶ 步骤 12　在文本框下方设置相应字体，❶ 选中"描边"复选框；❷ 单击"颜色"右侧的下拉按钮，在弹出的色板中选择一个颜色色块；❸ 拖动"粗细"右侧的滑块，如图 3-52 所示，设置其参数为 25。

图 3-52　拖动"粗细"右侧的滑块

▶▶步骤 13 在"动画"操作区中，❶切换至"入场"选项卡；❷选择"渐显"选项；❸适当设置"动画时长"参数，设置"入场"动画效果，如图 3-53 所示。

▶▶步骤 14 ❶切换至"出场"选项卡；❷选择"溶解"选项；❸适当设置"动画时长"参数，设置"出场"动画效果，如图 3-54 所示。

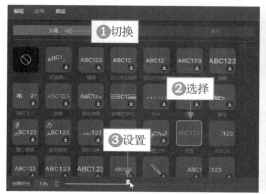
图 3-53 设置"入场"动画效果

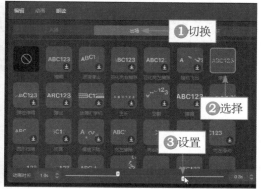
图 3-54 设置"出场"动画效果

专家指点：如果用户要对同一段文字设置多种不同类型的文本动画效果，则需要注意观察文本轨道的时长，所设置的动画效果总时长不能超过这个时间。

▶▶步骤 15 在"媒体"功能区中选择相应素材，如图 3-55 所示。

▶▶步骤 16 按住鼠标左键，将粒子视频素材拖动至画中画轨道中，释放鼠标左键即可添加粒子视频素材，如图 3-56 所示。

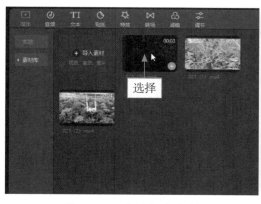
图 3-55 选择相应素材

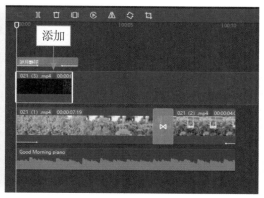
图 3-56 添加粒子视频素材

▶▶步骤 17 拖动视频素材右侧的白色拉杆，适当调整粒子视频的时长，如图 3-57 所示。

▶▶步骤 18 在"画面"操作区中设置"混合模式"为"滤色"，如图 3-58 所示。

▶▶步骤 19 在预览窗口中即可查看合成的视频画面效果，如图 3-59 所示。

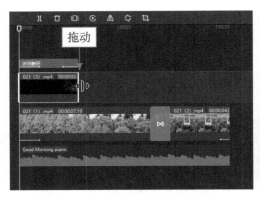
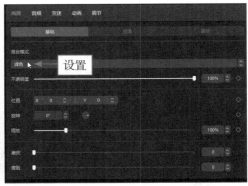

图 3-57　调整粒子视频的时长　　　　图 3-58　设置"混合模式"为"滤色"

▶▶步骤 20　拖动粒子视频素材四周的控制柄，调整其大小和位置，如图 3-60 所示。

执行操作后，在"播放器"面板中可以查看制作的文字溶解消散效果。

图 3-59　查看合成的视频画面效果　　　图 3-60　调整粒子素材的大小和位置

第 **4** 章

配乐：制作音乐
和卡点视频

背景音乐是视频中不可或缺的元素，贴合视频的
音乐能为视频增加记忆点和亮点。本章将主要介绍添
加音乐、添加音效、提取音频、自动踩点、手动踩点
及多屏卡点。帮助大家利用音乐为视频增色增彩，制
作出各种有趣的卡点视频。

022 添加音乐，裁剪适合时长

【效果展示】在剪映中添加音频之后，还需要对音频进行剪辑，从而使音乐更适配视频，效果如图 4-1 所示。

扫码看案例效果 扫码看教学视频

图 4-1 添加音乐效果展示

▶▶ 步骤 1 在剪映中导入一段视频素材，如图 4-2 所示。

▶▶ 步骤 2 ❶单击"音频"按钮；❷切换至"纯音乐"选项卡；❸单击所选音频

右下角的 按钮，如图 4-3 所示。

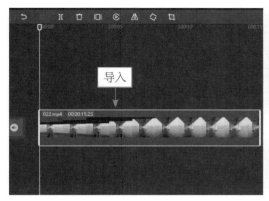
图 4-2　导入视频素材

图 4-3　单击相应按钮

> 专家指点：用户可以在音乐素材库中选择自己喜欢的音乐，而在剪辑音频时，可以根据想要留取的音乐片段来剪辑时长。

▶▶ 步骤 3　❶拖动时间指示器至视频素材末尾位置；❷单击"分割"按钮，如图 4-4 所示。

▶▶ 步骤 4　单击"删除"按钮，删除后半段多余的音频，如图 4-5 所示。单击"导出"按钮，导出并播放视频。

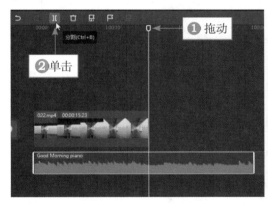
图 4-4　单击"分割"按钮

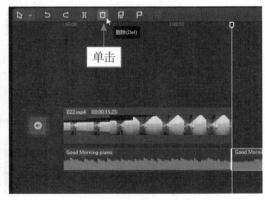
图 4-5　单击"删除"按钮

023　添加音效，设置音量效果

【效果展示】剪映中的音效类别非常多，根据视频场景可以添加很多音效，这样能让音频内容更加丰富，还可以设置音量值并调整音量大小，效果如图 4-6 所示。

扫码看案例效果　扫码看教学视频

图 4-6　添加音效效果展示

▶▶步骤 1　在剪映中导入一段视频素材，❶单击"音频"按钮 ；❷切换至"音效素材"选项卡，如图 4-7 所示。

▶▶步骤 2　❶切换至"环境音"选项区；❷单击"海浪"音效右下角的 按钮，如图 4-8 所示。

图 4-7　切换至"音效素材"选项卡　　　图 4-8　单击"海浪"音效中的 按钮

▶▶步骤 3　❶切换至"动物"选项区；❷单击"海鸥的叫声"音效右下角的 按钮，如图 4-9 所示。

▶▶步骤 4　调整两段音效的时长，对齐视频素材时长，如图 4-10 所示。

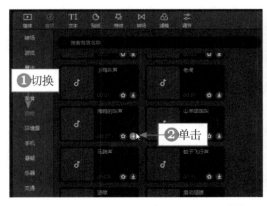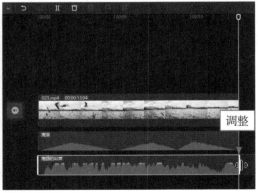

图 4-9　单击"海鸥的叫声"音效中的 按钮　　图 4-10　调整音频时长

专家指点：剪映中的音效类别十分丰富，有十几种之多，选择与视频场景最搭配的音效非常重要，而且这些音效可以叠加使用，还能叠加背景音乐，能使场景中的声音更加丰富。怎样选择最合适的音效呢？这就需要用户挨个音效去试听和选择了。

▶▶ 步骤5　选择"海浪"音效，设置"音量"为 −12.3dB，如图 4–11 所示。

▶▶ 步骤6　选择"海鸥的叫声"音效，设置"音量"为 19.7dB，如图 4–12 所示。

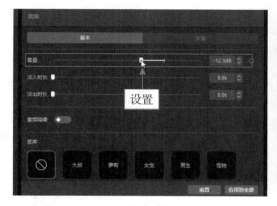 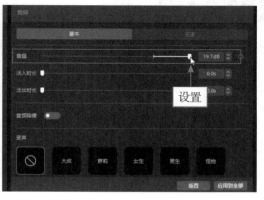

图 4–11　设置"音量"为 −12.3dB　　　　图 4–12　设置"音量"为 19.7dB

024　提取音频，设置淡化效果

【效果展示】剪映中的提取音频功能可以设置其他视频的背景音乐，设置淡化功能可以让音频前后进场和出场变得更加自然，效果如图 4–13 所示。

扫码看案例效果　扫码看教学视频

图 4–13　提取音频效果展示

▶▶ 步骤1　在剪映中导入一段视频素材，如图 4–14 所示。

▶▶ 步骤2　❶单击"音频"按钮；❷切换至"音频提取"选项卡；❸单击"导入素材"按钮➕，如图 4–15 所示。

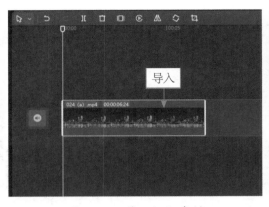

图 4-14　导入视频素材

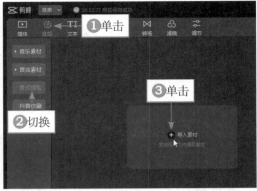

图 4-15　单击"导入素材"按钮

▶▶ 步骤3 ❶选择要提取音频的视频素材；❷单击"打开"按钮，如图 4-16 所示。

▶▶ 步骤4 单击提取音频文件右下角的➕按钮，如图 4-17 所示。

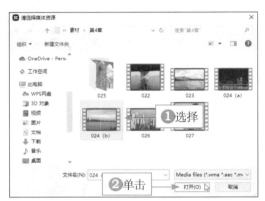

图 4-16　单击"打开"按钮

图 4-17　单击提取音频文件右下角的➕按钮

▶▶ 步骤5 调整音频时长，对齐视频素材的时长，如图 4-18 所示。

▶▶ 步骤6 在"音频"操作区中设置"淡入时长"和"淡出时长"都为 0.3s，如图 4-19 所示。

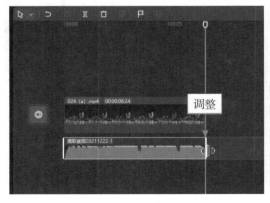

图 4-18　调整音频时长

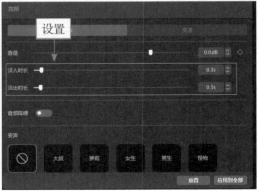

图 4-19　设置"淡入和淡出"时长

025 自动踩点，制作花朵卡点视频

【效果展示】制作卡点视频在于对音乐节奏卡点的把握，因此，"自动踩点"功能为音乐提供了节奏点，根据节奏制作出花朵卡点视频，非常方便，效果如图 4-20 所示。

图 4-20　花朵卡点效果展示

▶▶ 步骤 1　在剪映中导入十六张照片素材，如图 4-21 所示。

▶▶ 步骤 2　❶单击"音频"按钮；❷切换至"抖音收藏"选项卡；❸单击所选音乐右下角的 ⊕ 按钮，如图 4-22 所示。

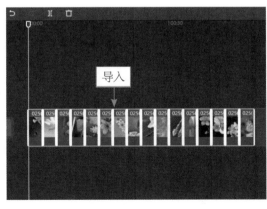

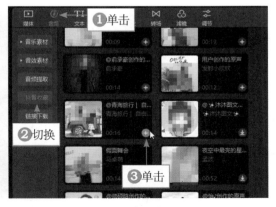

图 4-21　导入素材　　　　　图 4-22　单击相应按钮

▶▶ 步骤 3　❶单击"自动踩点"按钮；❷选择"踩节拍 II"选项，如图 4-23 所示。

▶▶ 步骤 4　根据音乐节奏和小黄点的位置，调整每段素材的时长，如图 4-24 所示。

配乐：制作音乐和卡点视频

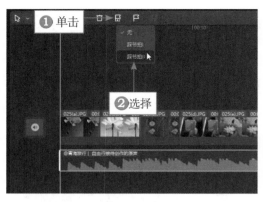

图 4-23 选择"踩节拍Ⅱ"选项

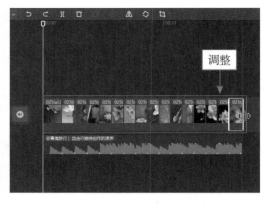

图 4-24 调整素材时长

▶▶ 步骤5 在预览窗口中设置视频比例为 9 : 16，如图 4-25 所示。

▶▶ 步骤6 ❶在"画面"面板中切换"背景"选项卡；❷选择"模糊"背景填充选项；
❸选择第 4 个模糊样式；❹单击"应用到全部"按钮，如图 4-26 所示。

图 4-25 设置视频比例为 9 : 16

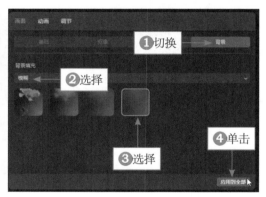

图 4-26 单击"应用到全部"按钮

▶▶ 步骤7 选择第 1 段素材，❶单击"动画"选项卡；❷切换至"组合"选项区；
❸选择"方片转动"动画，如图 4-27 所示。用与上相同的操作方法，为剩下的素材添加
相同的动画效果，使素材之间的切换更加动感十足。

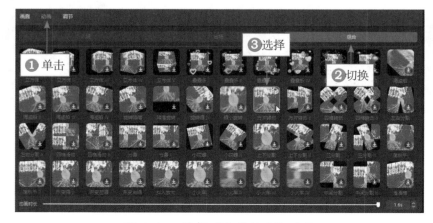

图 4-27 选择"方片转动"动画

026　手动踩点，制作滤镜卡点视频

【效果展示】在剪映中可以根据音乐节奏手动踩点，下面是滤镜卡点的效果，根据音乐节奏切换不同的滤镜，让单调的视频画面变得更好看，如图 4-28 所示。

扫码看案例效果　扫码看教学视频

图 4-28　滤镜卡点效果展示

▶▶ 步骤 1　在剪映中导入一段视频素材，如图 4-29 所示。

▶▶ 步骤 2　❶单击"音频"按钮；❷切换至"抖音收藏"选项卡；❸单击所选音乐右下角的 ⊕ 按钮，如图 4-30 所示。在时间轴面板中裁剪自己喜欢的音乐。

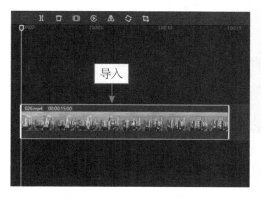

图 4-29　导入视频素材

图 4-30　单击相应按钮

▶▶ 步骤 3　单击"手动踩点"按钮 ⊟，即可在音频素材上添加黄色的小圆点，如图 4-31 所示。

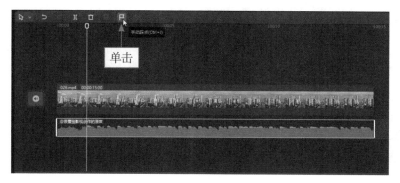

图 4-31　单击"手动踩点"按钮

步骤4 单击"删除踩点"按钮🏳，或者单击"清空踩点"按钮🏳，即可删除节奏点，如图4-32所示。

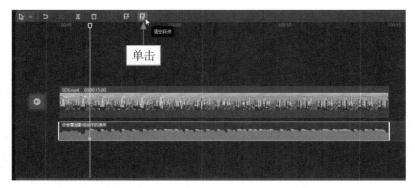

图4-32 单击"删除踩点"或"清空踩点"按钮

步骤5 根据音乐节奏中的起伏，单击"手动踩点"按钮🏳，为视频添加小黄点，如图4-33所示。

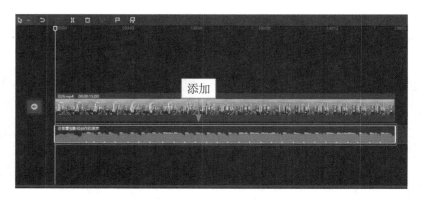

图4-33 添加小黄点

步骤6 ❶单击"滤镜"按钮；❷切换至"风格化"选项卡；❸单击"绝对红"滤镜右下角的⊕按钮，如图4-34所示。

步骤7 调整滤镜的时长，对齐第1个小黄点，如图4-35所示。

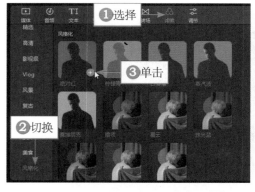

图4-34 单击"绝对红"滤镜中的⊕按钮

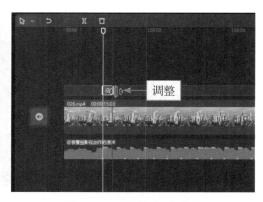

图4-35 调整滤镜时长

▶▶ 步骤 8 根据小黄点的位置为剩下的视频添加不同的滤镜，如图 4-36 所示。

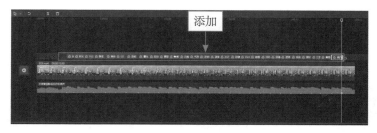

图 4-36 添加不同的滤镜

▶▶ 步骤 9 ❶单击"文本"按钮；❷切换至"文字模板"选项卡；❸在"标题"选项区中单击"小城故事"模板右下角的➕按钮；❹调整文字的时长，对齐视频素材时长；❺调整文字大小，如图 4-37 所示。

图 4-37 调整文字大小

027 多屏卡点，一屏变多屏效果

【效果展示】多屏卡点视频效果的制作，主要使用剪映的"自动踩点"功能和"分屏"特效，实现一个视频画面根据节拍点自动分出多个相同的视频画面，效果如图 4-38 所示。

扫码看案例效果 扫码看教学视频

图 4-38 多屏卡点效果展示

▶▷ 步骤 1 ❶在剪映中导入视频素材并将其添加到视频轨道中；❷在音频轨道中添加一首合适的卡点背景音乐，如图 4-39 所示。

▶▷ 步骤 2 ❶选择音频素材；❷单击"自动踩点"按钮🈸；❸选择"踩节拍Ⅰ"选项，添加节拍点，如图 4-40 所示。

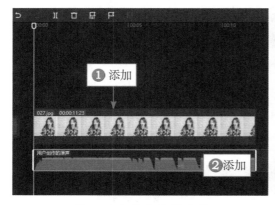
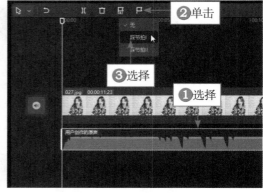

图 4-39 添加素材文件 　　　　　图 4-40 选择"踩节拍Ⅰ"选项

▶▷ 步骤 3 将时间指示器拖动至第 1 个节拍点上，❶切换至"特效"功能区；❷展开"分屏"选项卡；❸单击"两屏"特效中的➕按钮，如图 4-41 所示。

▶▷ 步骤 4 执行操作后即可在轨道上添加"两屏"特效，适当调整特效的时长，使其刚好卡在第 1 个和第 2 个节拍点之间，如图 4-42 所示。

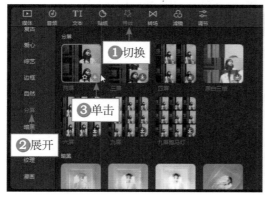
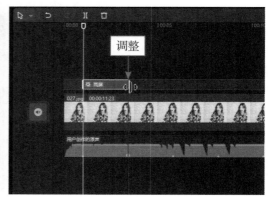

图 4-41 单击"两屏"特效中的➕按钮 　　图 4-42 调整"两屏"特效的时长

▶▷ 步骤 5 使用与上相同的操作方法，在第 2 个和第 3 个节拍点之间添加"三屏"特效，如图 4-43 所示。

▶▷ 步骤 6 在第 3 个和第 4 个节拍点之间添加"四屏"特效，如图 4-44 所示。

▶▷ 步骤 7 在第 4 个和第 5 个节拍点之间添加"六屏"特效，如图 4-45 所示。

▶▷ 步骤 8 在第 5 个和第 6 个节拍点之间，❶添加"九屏"特效；❷调整特效时长，如图 4-46 所示。执行操作后，即可播放预览视频，查看制作的多屏卡点效果。

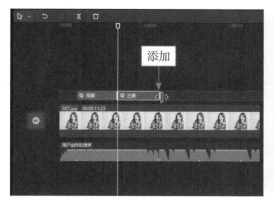

图 4-43　添加"三屏"特效

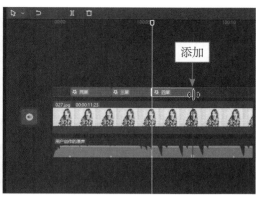

图 4-44　添加"四屏"特效

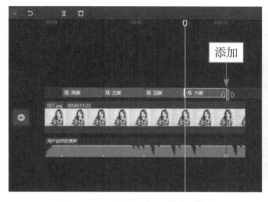

图 4-45　添加"六屏"特效

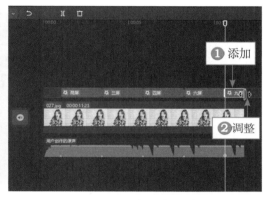

图 4-46　添加"九屏"特效并调整时长

第**5**章

运用：掌握基本抠图技巧

智能抠像和色度抠图功能是剪映版本更新后新增的功能，也是剪映中的亮点功能。本章主要介绍运用智能抠像功能更换背景、蒙版抠图、制作幻影、变出翅膀和运用色度抠图功能制作穿越手机视频、制作开门穿越视频、让人物切换场景跳舞等。

新手重点索引

▶ 智能抠像，更换视频背景

▶ 蒙版抠图，画面随音乐显示

▶ 智能抠像，制作人物幻影

效果图片欣赏

028 智能抠像，更换视频背景

【效果展示】在剪映中运用智能抠像功能可以更换视频的背景，制作出身临其境的效果，如图 5-1 所示。

扫码看案例效果 扫码看教学视频

图 5-1 更换背景效果展示

▶▶ 步骤 1 在剪映中导入两张背景照片素材，如图 5-2 所示。

▶▶ 步骤 2 拖动人物视频素材至画中画轨道，根据画中画轨道的时长，调整视频轨道中背景素材的时长，如图 5-3 所示。

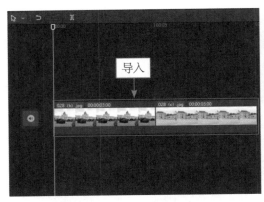
图 5-2　导入照片素材

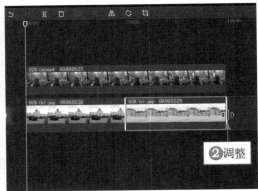
图 5-3　调整背景素材

▶▶ 步骤3　选择画中画轨道中的素材，❶切换至"抠像"选项卡；❷单击"智能抠像"按钮，如图 5-4 所示。

图 5-4　单击"智能抠像"按钮

▶▶ 步骤4　调整素材的大小和位置，如图 5-5 所示。

图 5-5　调整素材的大小和位置

▶▶ 步骤5　选择视频轨道中第 1 段素材，❶单击"动画"按钮，切换至"组合"选项卡；❷选择"荡秋千"动画选项，如图 5-6 所示。

▶▶ 步骤6　选择视频轨道中的第 2 段素材，选择"荡秋千Ⅱ"动画选项，为静态的背景素材添加动画，如图 5-7 所示。

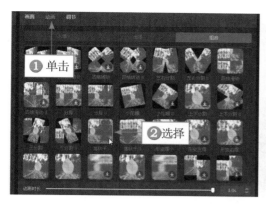
图 5-6　选择"荡秋千"动画选项

图 5-7　选择"荡秋千Ⅱ"动画选项

▶▶步骤7 单击"音频"按钮，添加合适的背景音乐，如图5-8所示。在"播放器"面板中可以查看制作的视频效果。

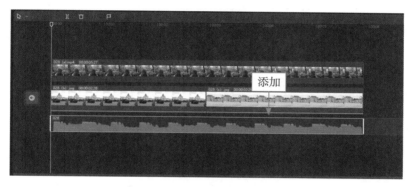
图 5-8　添加合适的背景音乐

029　蒙版抠图，画面随音乐显示

【效果展示】本实例主要使用剪映的蒙版和画中画合成功能来实现照片画面的抠图效果，让照片画面随着音乐的鼓点节奏逐渐显示出来，如图5-9所示。

扫码看案例效果　扫码看教学视频

图 5-9　蒙版抠图效果展示

>>> 步骤1 ❶在剪映中切换至"媒体"功能区；❷切换至"素材库"选项卡；❸在"黑白场"选项区中选择黑场素材；❹将其添加至视频轨道中，并适当调整其时长，如图 5-10 所示。

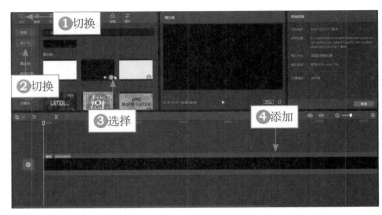

图 5-10 添加黑场素材

>>> 步骤2 导入照片素材和背景音乐素材，❶将照片素材添加至画中画轨道中，调整其时长与黑场素材一致；❷将音乐素材添加至音频轨道；❸手动添加节拍点，如图 5-11 所示。

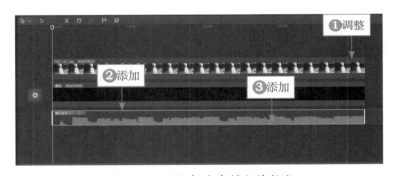

图 5-11 添加相应素材和节拍点

>>> 步骤3 调整音乐时长，选择画中画轨道，在音乐的节拍点处对素材进行分割处理，如图 5-12 所示。

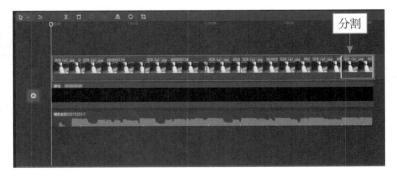

图 5-12 分割画中画轨道中的素材

步骤4 ❶选择画中画轨道中的第 1 个素材文件；❷在"画面"功能区中设置"不透明度"为 0，如图 5-13 所示。

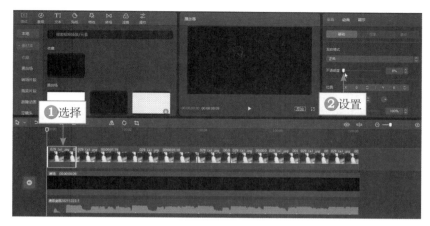

图 5-13　设置"不透明度"参数

步骤5 选择画中画轨道中的第 2 个素材文件，如图 5-14 所示。

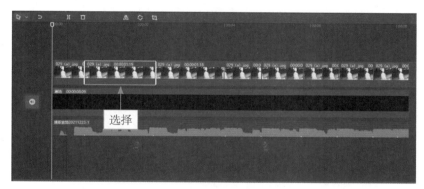

图 5-14　选择画中画轨道中的第 2 个素材文件

步骤6 ❶切换至"蒙版"选项卡；❷选择"爱心"选项；❸适当调整蒙版的大小、位置和羽化效果，如图 5-15 所示。

图 5-15　调整蒙版的大小、位置和羽化效果

▶▶ 步骤 7　❶复制画中画轨道中的第 2 个素材文件；❷将其粘贴至第 2 个画中画轨道中的相应位置；❸适当调整其时长，如图 5-16 所示。

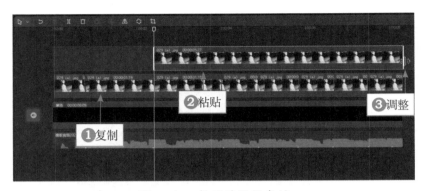

图 5-16　复制并调整素材

▶▶ 步骤 8　❶选择画中画轨道中的第 3 个素材文件；❷在"蒙版"选项卡中选择"星形"选项；❸适当调整蒙版的大小、位置和羽化效果，如图 5-17 所示。

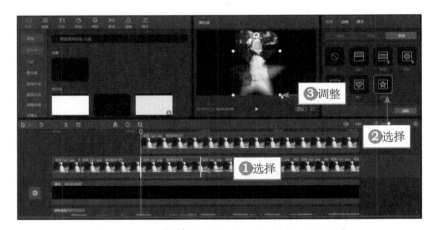

图 5-17　调整蒙版的大小、位置和羽化效果

▶▶ 步骤 9　❶复制画中画轨道中的第 3 个素材文件；❷将其粘贴至第 3 个画中画轨道中的相应位置；❸适当调整其时长，如图 5-18 所示。

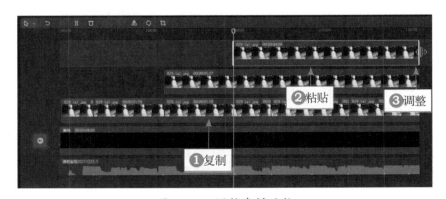

图 5-18　调整素材时长

▶▶ 步骤 10 使用与上相同的操作方法，设置其他画中画轨道中的素材蒙版，如图 5-19 所示。

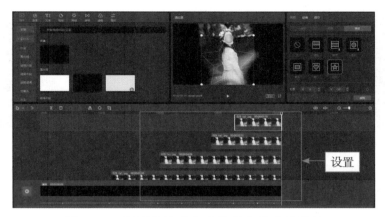

图 5-19 设置其他画中画轨道中的素材蒙版

▶▶ 步骤 11 选择画中画轨道中的最后一个素材文件，❶添加"爱心"蒙版，❷将蒙版调整至全屏大小，如图 5-20 所示。

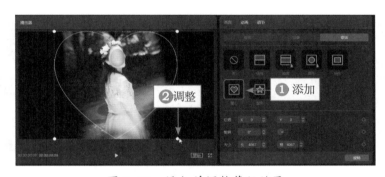

图 5-20 添加并调整蒙版效果

▶▶ 步骤 12 ❶切换至"动画"操作区；❷在"组合"选项卡中选择"形变缩小"选项，如图 5-21 所示。

▶▶ 步骤 13 ❶切换至"特效"功能区；❷在"氛围"选项卡中选择"星河"选项，如图 5-22 所示。

图 5-21 选择"形变缩小"选项

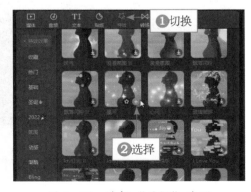

图 5-22 选择"星河"选项

▶▶ 步骤 14　在时间线窗口中添加一个"星河"特效，并将特效轨道的时长调整为与视频轨道一致，如图 5-23 所示。在"播放器"面板中可以查看制作的视频效果。

调整

图 5-23　调整特效轨道的时长

030　智能抠像，制作人物幻影

【效果展示】在剪映中运用智能抠像功能可以把人像抠出来，这样就能对抠出来的人像进行调整，调节抠出来人像的不透明度参数和位置，就能制作出幻影的效果，如图 5-24 所示。

扫码看案例效果　扫码看教学视频

图 5-24　人物幻影效果展示

▶▶ 步骤 1　在剪映中导入视频素材，拖动同样的素材至画中画轨道，如图 5-25 所示。

▶▶ 步骤 2　为视频轨道和画中画轨道中的素材设置 0.5x 的变速效果，如图 5-26 所示。

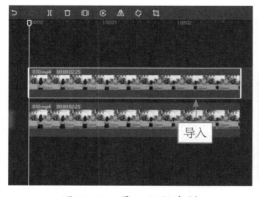

导入

设置

图 5-25　导入视频素材　　　　图 5-26　设置 0.5x 的变速效果

▶▶ 步骤 3　选择画中画轨道中的素材，❶切换至"抠像"选项卡；❷单击"智能抠像"按钮，如图 5-27 所示。

图 5-27　单击"智能抠像"按钮

▶▶ 步骤 4　❶设置"不透明度"参数为 51%；❷放大画面，设置"缩放"参数为 169%，如图 5-28 所示。

图 5-28　设置"缩放"参数

▶▶ 步骤 5　❶单击"音频"按钮；❷切换至"抖音收藏"选项卡；❸单击所选音乐右下角的 按钮，如图 5-29 所示。

▶▶ 步骤 6　调整音频时长，对齐视频素材时长，如图 5-30 所示。在"播放器"面板中可以查看制作的视频效果。

图 5-29　单击相应按钮

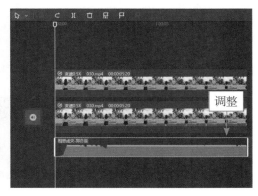

图 5-30　调整音频时长

031 色度抠图，制作变成翅膀

【效果展示】在添加翅膀特效素材时，会发现翅膀在人像前面，这时就需要运用智能抠像功能把人像抠出来，让人像在翅膀的前面，从而制作出变出翅膀的效果，而且整体效果也会更加自然，如图5-31所示。

扫码看案例效果　扫码看教学视频

图 5-31　变出翅膀效果展示

▶▶ 步骤1　在剪映中导入视频素材，拖动时间指示器至 00:00:01:10 的位置，如图5-32所示。

▶▶ 步骤2　❶把翅膀特效视频素材拖动至画中画轨道；❷调整翅膀素材时长，对齐视频素材末尾位置，如图5-33所示。

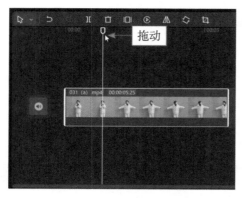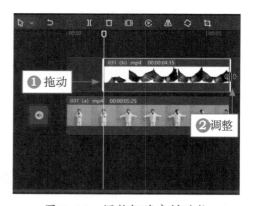

图 5-32　拖动时间指示器　　　　　　图 5-33　调整翅膀素材时长

▶▶ 步骤3　在"混合模式"面板中选择"正片叠底"选项，如图5-34所示。

图 5-34　选择"正片叠底"选项

步骤 4 调整翅膀素材的大小和位置，如图 5-35 所示。

图 5-35　调整翅膀素材的大小和位置

步骤 5 拖动视频素材至第 2 个画中画轨道中，如图 5-36 所示。

步骤 6 ❶切换至"抠像"选项卡；❷单击"智能抠像"按钮，如图 5-37 所示。

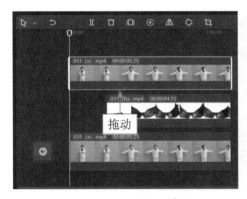

图 5-36　拖动视频素材

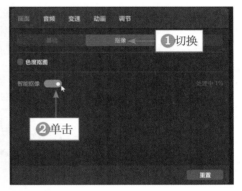

图 5-37　单击"智能抠像"按钮

步骤 7 ❶单击"特效"按钮；❷在"动感"选项卡中选择"心跳"特效，如图 5-38 所示。

步骤 8 调整特效的位置和时长，让变身时有特效，如图 5-39 所示。

图 5-38　选择"心跳"特效

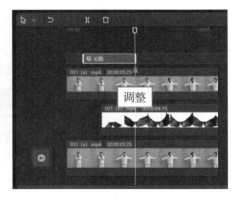

图 5-39　调整特效的位置和时长

▶▶步骤 9　❶单击"音频"按钮；❷添加合适的音乐，如图 5-40 所示。

▶▶步骤 10　调整音频时长，对齐视频素材时长，如图 5-41 所示。在"播放器"面板中可以查看制作的视频效果。

图 5-40　添加合适的音乐　　　　　　　　图 5-41　调整音频时长

032　色度抠图，制作手机穿越

【效果展示】在剪映中运用色度抠图功能可以抠除不需要的色彩，留下想要的色彩，运用这个功能可以套用很多素材，比如穿越手机这个素材，让画面从手机中切换出来，效果如图 5-42 所示。

扫码看案例效果　扫码看教学视频

图 5-42　手机穿越效果展示

▶▶步骤 1　在剪映中导入两段视频素材，如图 5-43 所示。

▶▶步骤 2　把视频素材导入视频轨道中，把穿越手机视频素材拖动至画中画轨道中，如图 5-44 所示。

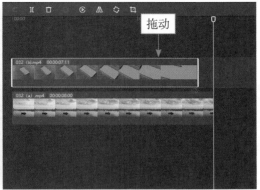

图 5-43 导入视频素材　　　　　　　　图 5-44 拖动视频素材

▶▶ 步骤 3 ❶切换至"抠像"选项卡；❷选中"色度抠图"复选框；❸单击"取色器"按钮✐；❹拖动取色器，取样画面中的绿色，如图 5-45 所示。

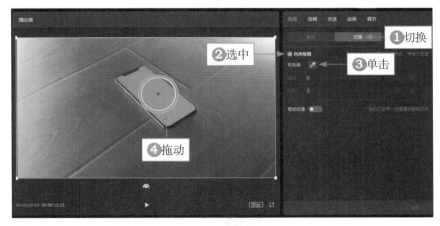

图 5-45 取样画面中的绿色

▶▶ 步骤 4 拖动滑块，设置"强度"和"阴影"参数为 100，如图 5-46 所示。

图 5-46 设置"强度"和"阴影"参数

▶▶ 步骤 5 ❶单击"音频"按钮；❷添加合适的音乐，如图 5-47 所示。

▶▶ 步骤 6 调整音频时长，对齐视频素材时长，如图 5-48 所示。在"播放器"面板中可以查看画面在手机中穿越显现，逐渐切换到整个画面。

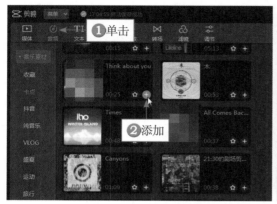

图 5-47 添加合适的音乐

图 5-48 调整音频时长

033 色度抠图，制作开门穿越

【效果展示】在剪映中运用色度抠图功能可以套用很多素材，让原本有变化的视频效果更加惊艳，比如开门穿越这个素材，就能给人以期待感，到视频出现变化的时候，给人眼前一亮的感觉，如图 5-49 所示。

扫码看案例效果 扫码看教学视频

图 5-49 开门穿越效果展示

▶▶ 步骤 1 在剪映中导入一段视频素材和开门穿越的视频素材，如图 5-50 所示。

▶▶ 步骤 2 把视频素材导入视频轨道中，把开门穿越视频素材拖动至画中画轨道中，如图 5-51 所示。

▶▶ 步骤 3 ❶切换至"抠像"选项卡；❷选中"色度抠图"复选框；❸单击"取色器"按钮🖋；❹拖动取色器，取样画面中的绿色，如图 5-52 所示。

图 5-50 导入视频素材

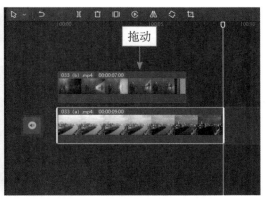

图 5-51 拖动视频素材

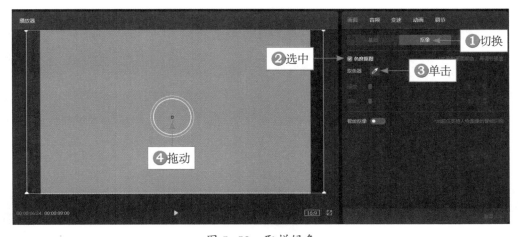

图 5-52 取样绿色

▶▶ 步骤 4 拖动滑块，设置"强度"和"阴影"参数为 100，如图 5-53 所示。

图 5-53 设置"强度"和"阴影"参数

▶▶ 步骤 5 ❶单击"音频"按钮；❷添加合适的音乐，如图 5-54 所示。

▶▶ 步骤 6 调整音频轨道的时长，对齐视频轨道，如图 5-55 所示。在"播放器"面板中可以查看制作的视频效果。

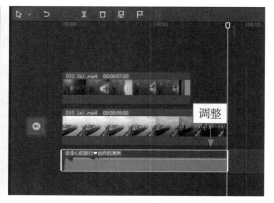

图 5-54　添加合适的音乐　　　　　　图 5-55　调整音频轨道时长

034　色度抠图，人物切换场景跳舞

【效果展示】在剪映中运用色度抠图功能可以抠出任何
绿幕视频素材，获得想要的视频部分，例如，人物跳舞的　扫码看案例效果　扫码看教学视频
绿幕视频素材，可以把人物抠出来切换场景，让她在自己想要的场景中跳舞，画面非常
有趣，效果如图 5-56 所示。

图 5-56　切换场景跳舞效果展示

▶▶ 步骤1　在剪映中导入一段视频素材和人物跳舞的绿幕视频素材，如图 5-57
所示。

▶▶ 步骤2　把视频素材导入视频轨道中，把人物跳舞的绿幕视频素材拖动至画中
画轨道中，并调整视频轨道中的素材时长，对齐画中画轨道时长，如图 5-58 所示。

▶▶ 步骤3　❶切换至"抠像"选项卡；❷选中"色度抠图"复选框；❸单击"取色器"
按钮 ✐；❹拖动取色器，取样画面中的绿色，如图 5-59 所示。

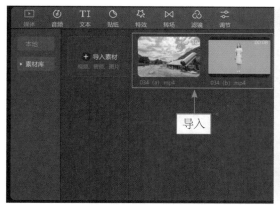

图 5-57 导入视频素材

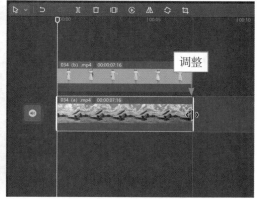

图 5-58 调整素材时长

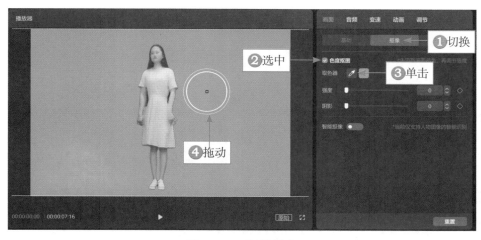

图 5-59 取样绿色

▶▶ 步骤 4 拖动滑块，设置"强度"和"阴影"参数为 100，如图 5-60 所示。

图 5-60 设置"强度"和"阴影"参数

▶▶ 步骤 5 调整素材的大小和位置，如图 5-61 所示。

图 5-61　调整素材的大小和位置

▶▶ 步骤 6　❶单击"音频"按钮；❷添加合适的音乐，如图 5-62 所示。

▶▶ 步骤 7　调整音频时长，对齐视频素材时长，如图 5-63 所示。在"播放器"面板中可以查看制作的视频效果。

图 5-62　单击"音频"按钮

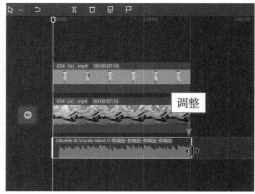

图 5-63　调整音频时长

第 **6** 章

添加：蒙版
合成和关键帧

蒙版合成和关键帧功能是制作视频中不可缺少的功能，掌握这些技巧才能制作出各种有亮点的视频。本章主要介绍"线性"蒙版、"矩形"蒙版、"星形"蒙版，以及混合模式等。希望大家举一反三，在案例学习中获取实用的方法和技巧。

☀ 新手重点索引

▶ 线性蒙版，制作分身视频效果
▶ 矩形蒙版，遮盖视频中的水印
▶ 星形蒙版，制作唯美卡点视频

☀ 效果图片欣赏

035 线性蒙版，制作分身视频效果

【效果展示】在剪映中运用"线性"蒙版功能可以制作分身视频，把同一场景中的两个人物视频合成在一个视频场景中，效果如图 6-1 所示。

扫码看案例效果 扫码看教学视频

图 6-1 分身视频效果展示

▶▶ 步骤 1 在剪映中导入两段视频素材，如图 6-2 所示。

▶▶ 步骤 2 把人物蹲在左边的视频素材导入视频轨道中，把人物站在右边的视频素材拖动至画中画轨道中，如图 6-3 所示。

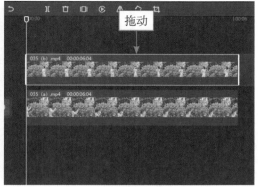

图 6-2　导入视频素材　　　　　　　　　图 6-3　拖动至画中画轨道

▶▶ 步骤 3　选择视频轨道中的素材，❶切换至"蒙版"选项卡；❷单击"线性"按钮；❸长按"旋转"按钮 ⊙，旋转角度为 -90°；❹向左拖动"羽化"按钮 ≪，微微调整羽化范围，使合成画面更加自然，如图 6-4 所示。

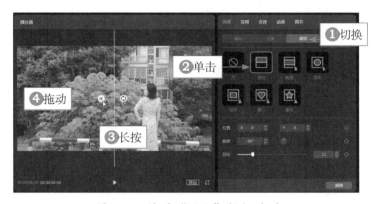

图 6-4　拖动"羽化"按钮（1）

▶▶ 步骤 4　用与上相同的操作方法，选择画中画轨道中的素材，❶切换至"蒙版"选项区；❷单击"线性"按钮；❸长按"旋转"按钮 ⊙，旋转角度为 90°；❹设置"位置"右侧的 X 参数值为 -79，❺向右拖动"羽化"按钮 ≫，微微调整羽化范围，使合成画面更加自然，如图 6-5 所示。

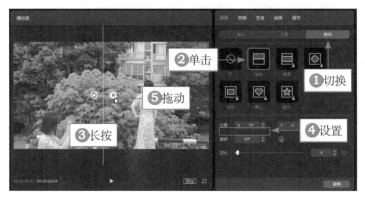

图 6-5　拖动"羽化"按钮（2）

步骤5 ❶单击"音频"按钮；❷切换至"抖音收藏"选项卡；❸单击相应音乐右下角的➕按钮，如图6-6所示。

步骤6 调整音频的时长，使其与视频时长保持一致，如图6-7所示。在"播放器"面板中可以查看制作的视频效果。

图6-6 单击相应按钮　　　　　　图6-7 调整音效时长

036 矩形蒙版，遮盖视频中的水印

扫码看案例效果 扫码看教学视频

【效果展示】在剪映中运用"矩形"蒙版功能可以遮盖视频中的水印，让水印不那么清晰，甚至还能去除水印，效果如图6-8所示。

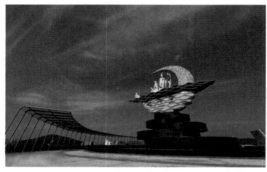 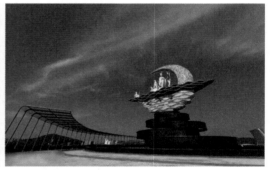

图6-8 遮盖水印效果展示

步骤1 在剪映中导入一段视频素材，如图6-9所示。

步骤2 ❶切换"特效"功能区；❷单击"模糊"特效中的➕按钮，如图6-10所示。

步骤3 调整特效的时长，对齐视频素材的时长，如图6-11所示。

步骤4 单击"导出"按钮，导出该段视频，如图6-12所示。

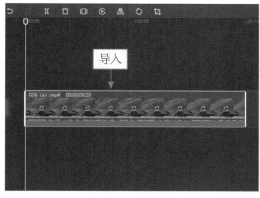

图 6-9　导入视频素材

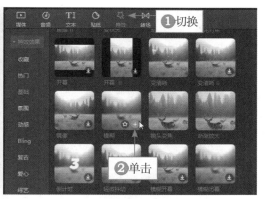

图 6-10　单击"模糊"特效中的添加按钮

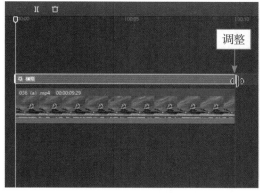

图 6-11　调整特效时长

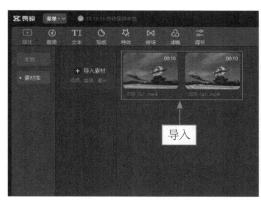

图 6-12　单击"导出"按钮

▶▶ 步骤 5　在剪映中导入原始视频素材和上一步导出的视频素材，如图 6-13 所示。

▶▶ 步骤 6　把视频素材导入视频轨道中，再把上一步导出的视频素材拖动至画中画轨道中，并调整该素材时长，对齐视频轨道中素材的时长，如图 6-14 所示。

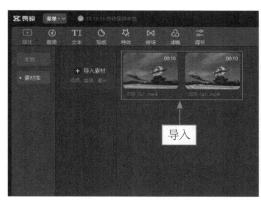

图 6-13　导入视频素材

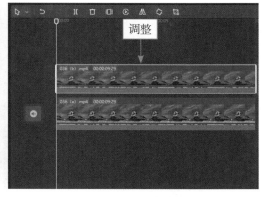

图 6-14　调整素材时长

▶▶ 步骤 7　❶切换至"蒙版"选项卡；❷单击"矩形"按钮；❸调整矩形的大小和位置，使其刚好盖住水印，如图 6-15 所示。在"播放器"面板中可以查看视频前后的对比效果，可以看到视频中的水印变得很淡，几乎看不见了。

图 6-15　调整矩形的大小和位置

037　星形蒙版，制作唯美卡点视频

【效果展示】在剪映中运用"星形"蒙版功能可以制作星形卡点视频，画面非常唯美浪漫，效果如图 6-16 所示。

扫码看案例效果　扫码看教学视频

图 6-16　星形蒙版效果展示

▶▶ 步骤1　在剪映中导入三张照片素材，如图 6-17 所示。

▶▶ 步骤2　把三张照片素材导入视频轨道中，并拖动同样的照片素材至画中画轨道中，如图 6-18 所示。

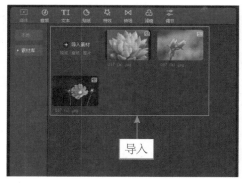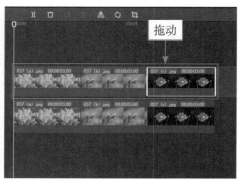

图 6-17　导入三张照片素材　　　图 6-18　拖动照片素材至画中画轨道中

▶▶ 步骤3 选择视频轨道中的第 1 段素材，❶切换至"蒙版"选项卡；❷单击"星形"按钮；❸拖动白色圆点调整蒙版大小；❹单击"反转"按钮，如图 6-19 所示。

图 6-19 单击"反转"按钮

▶▶ 步骤4 选择画中画轨道中的第 1 段素材，❶单击"星形"按钮；❷拖动白色圆点调整星形蒙版的大小，如图 6-20 所示。为剩下的两段素材设置同样的蒙版效果。

图 6-20 调整蒙版的大小

▶▶ 步骤5 选择视频轨道中的素材，❶切换至"动画"操作区；❷在"蒙版"选项卡中选择"缩小旋转"组合动画，如图 6-21 所示。

▶▶ 步骤6 选择画中画轨道中的素材，选择"旋转降落"组合动画，如图 6-22 所示，为剩下的素材设置同样的动画效果。

图 6-21 选择"缩小旋转"组合动画

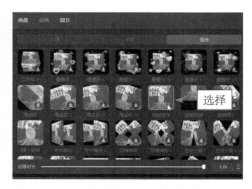

图 6-22 选择"旋转降落"组合动画

▶▶ 步骤 7　❶单击"音频"按钮；❷添加合适的音乐，如图 6-23 所示。

▶▶ 步骤 8　调整音频的时长，对齐视频素材时长，如图 6-24 所示。在"播放器"面板中可以查看制作的视频效果。

图 6-23　添加合适音乐

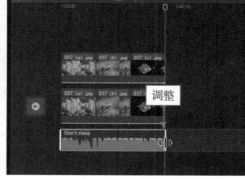

图 6-24　调整音频时长

038　混合模式，合成炫酷文字效果

【效果展示】在剪映中运用混合模式功能可以合成两个视频，尤其是黑白色的文字视频素材，可以合成到其他视频中，效果非常炫酷，如图 6-25 所示。

扫码看案例效果　扫码看教学视频

图 6-25　混合模式效果展示

▶▶ 步骤 1　在剪映中导入一段视频素材，并调整视频时长为 5 秒，如图 6-26 所示。

▶▶ 步骤 2　❶切换至"素材库"选项卡；❷在"片头"选项区中选择一款炫酷文字视频素材，如图 6-27 所示。

▶▶ 步骤 3　拖动文字素材至画中画轨道中，调整其在轨道中的位置，如图 6-28 所示。

▶▶ 步骤 4　在"混合模式"面板中选择"滤色"选项，如图 6-29 所示。

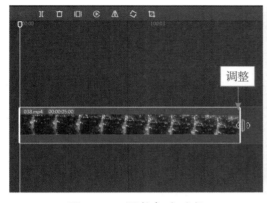

图 6-26　调整相应时长

图 6-27　选择文字视频素材

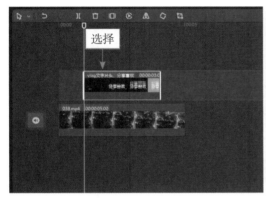

图 6-28　调整位置

图 6-29　选择"滤色"选项

▶▶步骤5　❶单击"音频"按钮；❷添加合适的音乐，如图 6-30 所示。

▶▶步骤6　调整音频的时长，对齐视频素材时长，如图 6-31 所示。在"播放器"面板中可以查看制作的视频效果。

图 6-30　添加合适的音乐

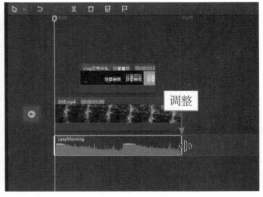

图 6-31　调整音频的时长

039　抓不住她，想留住这世间美好

扫码看案例效果　扫码看教学视频

【效果展示】人就站在那里，可就是抓不住她。这样的视频效果，你以为制作起来很难？其实非常简单，应用剪映中的"滤色"混合模式，即可营造一种朦朦胧胧怎么抓也抓不到的效果，效果如图 6-32 所示。

图 6-32　怎么抓也抓不住效果展示

▶▶步骤1　在剪映中导入一张照片、一只手伸出来抓东西的视频及一个音频素材，如图 6-33 所示。

▶▶步骤2　将视频素材添加至视频轨道和画中画轨道中，如图 6-34 所示。

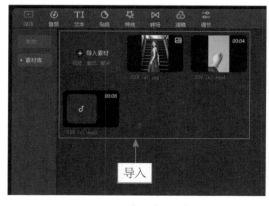 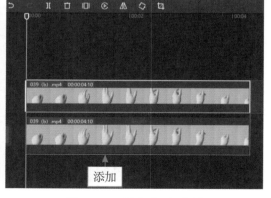

图 6-33　导入相应素材　　　　图 6-34　添加相应素材

▶▶步骤3　在每隔一秒的位置，对视频进行分割，如图 6-35 所示。

▶▶步骤4　使用拖动的方式，将画中画轨道中的第 1 段视频拖动至视频轨道中第 1 段视频的后面，如图 6-36 所示。

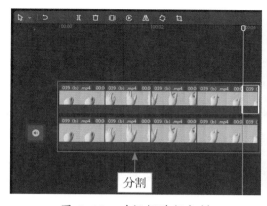

图 6-35 对视频进行分割

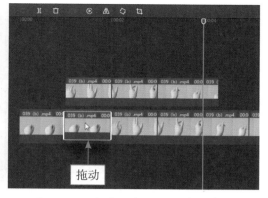

图 6-36 拖动画中画轨道中的素材

▶▶ 步骤5 ❶选择被拖动的素材；❷单击"镜像"按钮▲，如图 6-37 所示。

▶▶ 步骤6 用与上相同的操作方法，将画中画轨道上的视频片段拖动至视频轨道中的相应位置，并添加镜像效果，如图 6-38 所示。

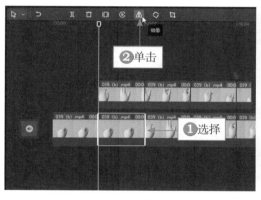

图 6-37 单击"镜像"按钮

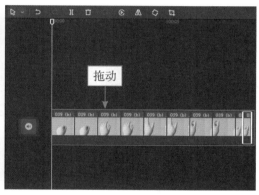

图 6-38 拖动其他画中画素材至相应位置

▶▶ 步骤7 执行上述操作后，即可在预览窗口中查看调整效果，如图 6-39 所示。

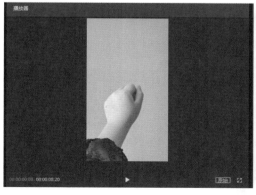

图 6-39 查看调整效果

▶▶ 步骤8 将最后一段视频删除，❶切换至"转场"功能区的"基础转场"选项卡；❷单击"叠化"转场中的添加按钮，如图 6-40 所示。

▶▶ 步骤9 在所有视频素材之间添加"叠化"转场，如图 6-41 所示。

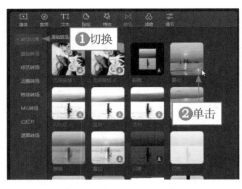

图 6-40　单击"叠化"转场中的添加按钮

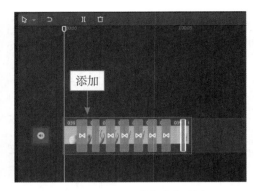

图 6-41　添加"叠化"转场

▶▶步骤 10　执行上述操作后，将添加叠化效果的视频导出，然后将视频轨道中的素材全部删除，在"媒体"功能区中导入叠化效果视频，如图 6-42 所示。

▶▶步骤 11　通过拖动的方式，将音频素材、照片素材及效果视频依次添加到音频轨道、视频轨道和画中画轨道中，如图 6-43 所示。

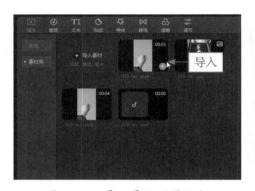

图 6-42　导入叠化效果视频

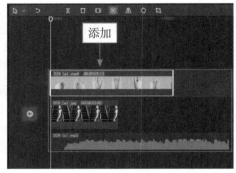

图 6-43　添加素材文件

▶▶步骤 12　拖动照片素材右侧的白色拉杆，调整照片素材时长与音频素材一致，如图 6-44 所示。

▶▶步骤 13　选择画中画轨道中的视频素材，❶切换至"变速"操作区的"常规变速"选项卡中；❷设置"自定时长"参数为 8.0s，如图 6-45 所示。

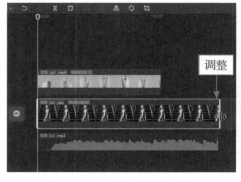

图 6-44　调整素材的时长

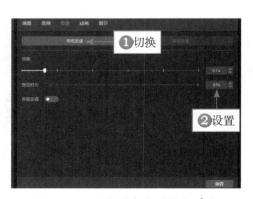

图 6-45　设置"自定时长"参数

▶▷步骤14 执行操作后，视频素材会根据设定的时长进行变速，视频素材上也会显示变速倍数，如图6-46所示。

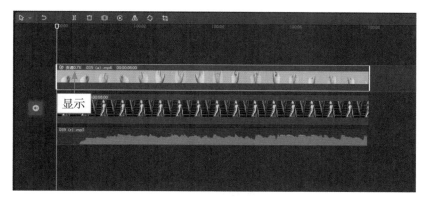

图6-46 显示视频变速倍数

▶▷步骤15 ❶切换至"画面"操作区；❷设置"缩放"参数为127%；❸设置"混合模式"为"滤色"选项，如图6-47所示。

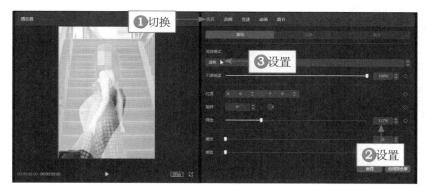

图6-47 设置相应参数

▶▷步骤16 ❶切换至"特效"功能区的"氛围"选项卡中；❷单击"金粉聚拢"特效中的⊕按钮，如图6-48所示。

▶▷步骤17 执行操作后，即可添加一个"金粉聚拢"特效，并调整特效时长，如图6-49所示。

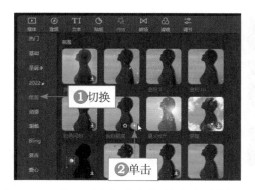

图6-48 单击"金粉聚拢"特效中的⊕按钮

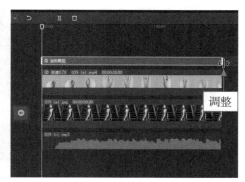

图6-49 调整特效时长

040　综艺滑屏，超高级的综艺同款

【效果展示】综艺滑屏是一种展示多段视频的效果，适合用来制作旅行 Vlog、综艺片头等，效果如图 6-50 所示。

扫码看案例效果　扫码看教学视频

图 6-50　综艺滑屏效果展示

▶▶ 步骤 1　在剪映中导入五个视频素材，如图 6-51 所示。

▶▶ 步骤 2　将第 1 个视频素材添加到视频轨道上，如图 6-52 所示。

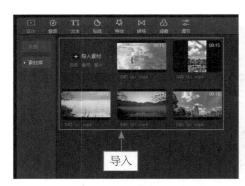 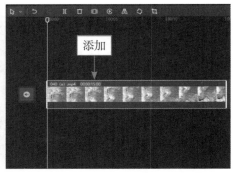

图 6-51　导入五个视频素材　　图 6-52　将第 1 个视频添加到视频轨道上

▶▶ 步骤 3　在"播放器"面板中，❶设置预览窗口的画布比例为 9∶16；❷并适当调整视频的大小和位置，如图 6-53 所示。

▶▶ 步骤 4　用与上相同的操作方法，依次将其他视频添加到画中画轨道中，在预览窗口中调整视频的大小和位置，如图 6-54 所示。

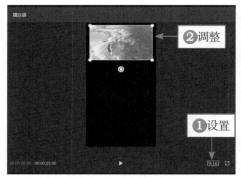 

图 6-53　调整视频的大小和位置　　图 6-54　调整其他视频的大小和位置

▶▶ 步骤 5　选择视频轨道中的素材，如图 6-55 所示。

▶▶ 步骤 6　❶切换至"画面"操作区；❷展开"背景"选项卡；❸单击"背景填充"下方的下拉按钮；❹在弹出的下拉列表框中选择"颜色"选项，如图 6-56 所示。

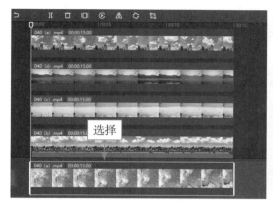

图 6-55　选择视频轨道中的素材

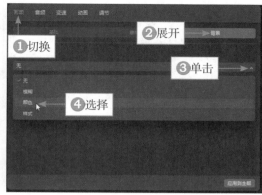

图 6-56　选择"颜色"选项

▶▶ 步骤 7　在"颜色"选项区中选择白色色块，如图 6-57 所示。

▶▶ 步骤 8　将制作的效果视频导出，新建一个草稿文件，将导出的效果视频重新导入"媒体"功能区中，如图 6-58 所示。

图 6-57　选择白色色块

图 6-58　导入效果视频

▶▶ 步骤 9　执行操作后，选择效果视频，按住鼠标左键并拖动，将效果视频添加到视频轨道上，如图 6-59 所示。

▶▶ 步骤 10　在"播放器"面板中，设置预览窗口的视频画布比例为 16∶9，如图 6-60 所示。

▶▶ 步骤 11　拖动视频画面四周的控制柄，调整视频画面大小，使其铺满整个预览窗口，如图 6-61 所示。

▶▶ 步骤 12　❶切换至"画面"操作区的"基础"选项卡中；❷点亮"位置"最右侧的关键帧按钮◆，如图 6-62 所示。

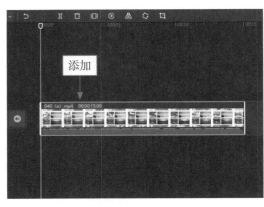

图 6-59　添加视频效果　　　　　　　　图 6-60　设置视频画布比例

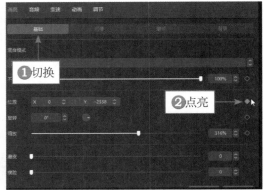

图 6-61　调整视频画面大小　　　　　　图 6-62　点亮关键帧按钮

▶▶步骤 13　执行操作后，❶即可在视频轨道素材的开始位置添加一个关键帧；❷将时间指示器拖动至结束位置，如图 6-63 所示。

▶▶步骤 14　❶切换至"画面"操作区的"基础"选项卡中；❷设置"位置"右侧的 Y 参数值为 1 170；❸此时"位置"右侧的关键帧按钮会自动点亮 ◆，如图 6-64 所示。执行操作后，在视频轨道素材的结束位置即可添加一个关键帧，在预览窗口中可以播放查看制作的滑屏效果。

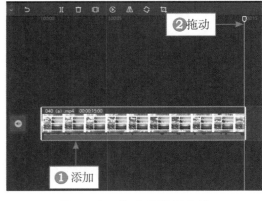

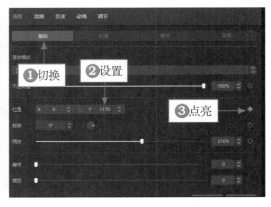

图 6-63　拖动时间指示器　　　　　　　图 6-64　设置"位置"参数

第 **7** 章

转场：制作转场
和变速技巧

多个素材组成的视频少不了转场，有特色的转场
能为视频增加特色，还能使过渡更加自然，是剪辑中
必学的一个技巧。本章主要介绍无缝转场、翻页转场、
笔刷转场及叠化转场等，让你的画面更加流畅。

☀ 新手重点索引

▶ 特效转场，制作无缝效果

▶ 翻页转场，模拟翻书效果

▶ 笔刷转场，制作涂抹画面

☀ 效果图片欣赏

041 特效转场，制作无缝效果

扫码看案例效果 扫码看教学视频

【效果展示】本节介绍的是一种短视频无缝转场的制作方法，主要使用剪映的变速功能，给各个视频片段的连接处进行适当的变速处理，使视频片段间的过渡效果更加平滑，效果如图 7-1 所示。

图 7-1　无缝转场效果展示

▶▶ 步骤 1　在剪映中导入三个视频素材，将其添加到视频轨道中，如图 7-2 所示。

▶▶ 步骤 2　选择第 1 个视频素材，将其分割为两个小片段，选择第 1 个视频片段，如图 7-3 所示。

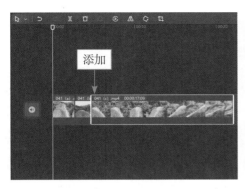
图 7-2　将素材添加到视频轨道中

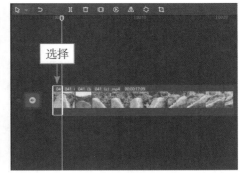
图 7-3　选择第 1 个视频片段

▶▶步骤3　在"变速"操作区中，拖动"倍数"滑块，设置其参数为 0.5x，如图 7-4 所示。

▶▶步骤4　在视频轨道中选择第 2 个视频片段，如图 7-5 所示。

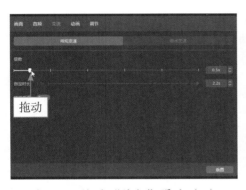
图 7-4　拖动"倍数"滑块（1）

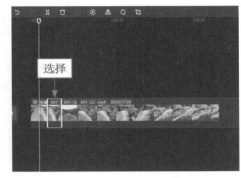
图 7-5　选择第 2 个视频片段

▶▶步骤5　在"变速"操作区中，拖动"倍数"滑块，设置其参数为 3.0x，如图 7-6 所示。

▶▶步骤6　在视频轨道中将第 2 个视频素材分割为两段，选择轨道上的第 3 个视频片段，如图 7-7 所示。

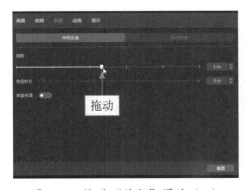
图 7-6　拖动"倍数"滑块（2）

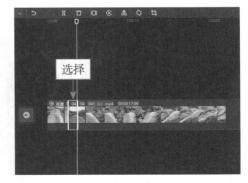
图 7-7　选择第 3 个视频片段

▶▶步骤7　在"变速"操作区中，拖动"倍数"滑块，设置其参数为 0.6x，如图 7-8 所示。

▶▷ 步骤8 此时，视频轨道中的前3段视频时长都发生了相应的变化，继续选择轨道上的第4个视频片段，如图7-9所示。

图7-8 拖动"倍数"滑块（3）　　　　图7-9 选择第4个视频片段

▶▷ 步骤9 在"变速"操作区中，拖动"倍数"滑块，设置其参数为2.1x，如图7-10所示。

▶▷ 步骤10 在视频轨道中将第3个视频素材分割为3段，如图7-11所示。

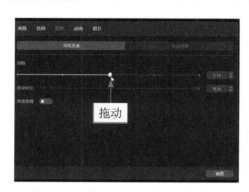

图7-10 拖动"倍数"滑块（4）　　　　图7-11 分割视频素材

▶▷ 步骤11 将分割的最后一段视频删除后，选择轨道上第6个视频片段，如图7-12所示。

▶▷ 步骤12 在"变速"操作区中，拖动"倍数"滑块，设置其参数为3.3x，如图7-13所示。

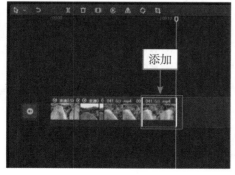
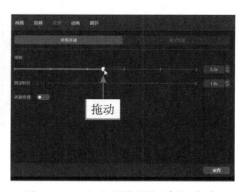

图7-12 选择第6个视频片段　　　　图7-13 拖动"倍数"滑块（5）

▶▶ **步骤 13** 在音频素材中添加合适的背景音乐，如图 7-14 所示。在"播放器"面板中可以查看制作的视频效果。

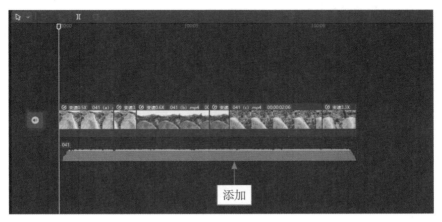

图 7-14　添加合适的背景音乐

专家指点：剪映中有两种变速模式：一种是上述案例中的常规变速，另一种是曲线变速。曲线变速中一共有 7 种变速类型，包括自定义、蒙太奇、英雄时刻、子弹时间、跳接、闪进及闪出，用户可以选择自己喜欢的变速模式来进行变速。

042　翻页转场，模拟翻书效果

【效果展示】本节介绍的是翻页转场的制作方法，主要使用剪映的"翻页"转场功能来实现，模拟出翻书般的视频场景切换效果，如图 7-15 所示。

扫码看案例效果　扫码看教学视频

图 7-15　翻页转场效果展示

▶▶ **步骤 1** 在剪映中导入四个素材文件，将其添加到视频轨道中，如图 7-16 所示。

▶▶ **步骤 2** ❶切换至"转场"功能区；❷展开"幻灯片"选项卡；❸单击"翻页"转场中的➕按钮，如图 7-17 所示。

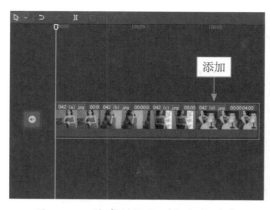

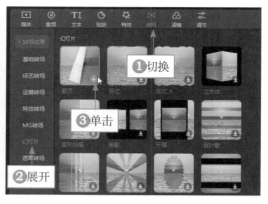

图 7-16　将素材添加到视频轨道中　　图 7-17　单击"翻页"转场中的添加按钮

▶▶步骤 3　执行操作后，即可在两个素材之间添加一个"翻页"转场，如图 7-18 所示。

▶▶步骤 4　拖动"翻页"转场的白色拉杆，将其时长调整至最大值，如图 7-19 所示。

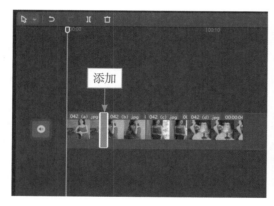

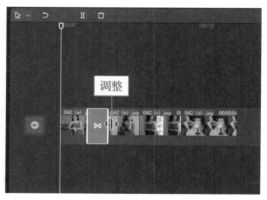

图 7-18　添加一个"翻页"转场　　　　图 7-19　调整"翻页"转场时长

▶▶步骤 5　将时间指示器拖动至第 2 个素材与第 3 个素材之间，如图 7-20 所示。

▶▶步骤 6　在"转场"功能区中，再次单击"翻页"转场中的 ➕ 按钮，在时间指示器的位置处即可添加一个"翻页"转场，如图 7-21 所示。

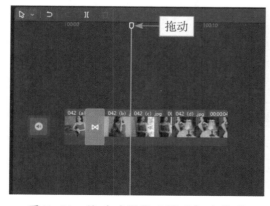

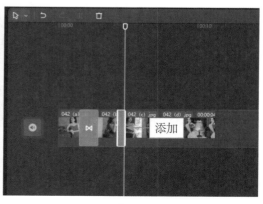

图 7-20　拖动时间指示器至相应位置　　图 7-21　添加第 2 个"翻页"转场

▶▶ 步骤7 拖动第2个"翻页"转场的白色拉杆,将其时长调整至最大值,如图7-22所示。

▶▶ 步骤8 用与上相同的操作方法,为其他素材之间添加"翻页"转场,如图7-23所示。

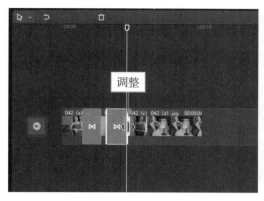
图7-22 将其时长调整至最大值

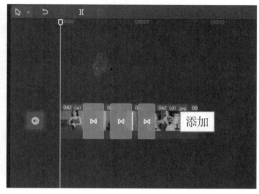
图7-23 添加"翻页"转场

▶▶ 步骤9 添加合适的背景音乐,添加合适的踩点,如图7-24所示。在"播放器"面板中可以查看制作的视频效果。

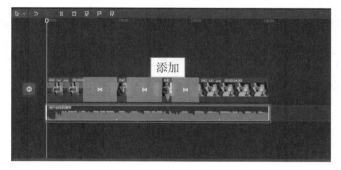
图7-24 添加合适的踩点

043 笔刷转场,制作涂抹画面

【效果展示】本节内容主要是设置转场,制作涂抹画面般的笔刷转场,效果如图7-25所示。

扫码看案例效果 扫码看教学视频

图7-25 笔刷转场效果展示

▶▶ 步骤1 在剪映中导入两个视频素材，如图7-26所示。

▶▶ 步骤2 把第1个视频素材添加到视频轨道中，把第2个素材拖动至画中画轨道中并调整位置，对齐视频素材的末尾位置，如图7-27所示。

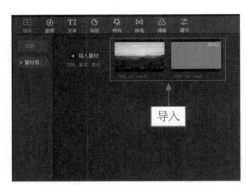

图7-26 导入两个视频素材　　　　图7-27 调整第2个素材的位置

▶▶ 步骤3 ❶切换至"抠像"选项卡；❷选中"色度抠图"复选框；❸单击"取色器"按钮🖊；❹拖动取色器，取样画面中的黑色，如图7-28所示。

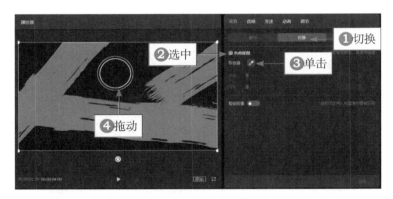

图7-28 取样黑色

▶▶ 步骤4 ❶设置"强度"参数为100；❷单击"导出"按钮，如图7-29所示。

图7-29 单击"导出"按钮

▶▶ 步骤5 在剪映中导入第2段视频素材和上一步导出的视频素材，如图7-30所示。

步骤6 把视频素材导入视频轨道中，把上一步导出的视频素材拖动至画中画轨道中，调整位置，对齐视频素材的起始位置，如图7-31所示。

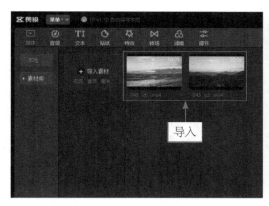
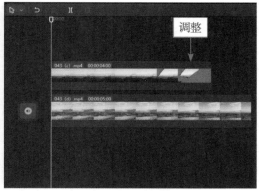

图 7-30 导入视频素材　　　　　图 7-31 调整位置

步骤7 ❶切换至"抠像"选项卡；❷选中"色度抠图"复选框；❸单击"取色器"按钮 ✎；❹拖动取色器，取样画面中的绿色，如图7-32所示。

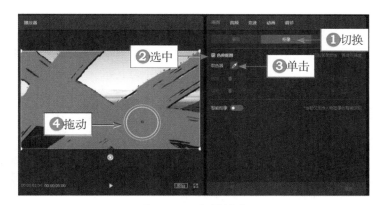

图 7-32 取样绿色

步骤8 拖动滑块，设置"强度"和"阴影"参数为100，如图7-33所示。

图 7-33 设置"强度"和"阴影"参数

步骤9 ❶单击"音频"按钮；❷添加合适的音乐，如图7-34所示。

▶▶步骤 10　调整音频时长，对齐视频素材时长，如图 7-35 所示。在"播放器"面板中可以查看制作的视频效果。

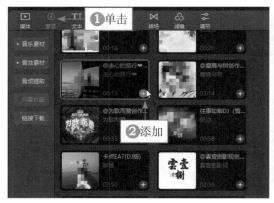

图 7-34　添加合适的音乐

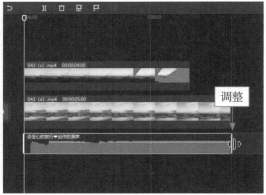

图 7-35　调整音频时长

044　叠化转场，人物瞬间移动

【效果展示】使用剪映"基础转场"选项卡中的"叠化"转场，可以实现人物瞬间移动和重影消失的效果，如图 7-36 所示。

扫码看案例效果 扫码看教学视频

图 7-36　叠化转场效果展示

▶▶步骤 1　在剪映中导入一个视频素材，将其添加到视频轨道中，如图 7-37 所示。

▶▶步骤 2　❶将时间指示器拖动至 00:00:03:00 的位置处；❷单击"分割"按钮 ▌▌，如图 7-38 所示。

▶▶步骤 3　❶将时间指示器拖动至 00:00:07:00 的位置处；❷单击"分割"按钮 ▌▌，如图 7-39 所示。

▶▶步骤 4　执行上述操作后，即可将视频分割为三段，❶选择第 2 段视频；❷单击"删除"按钮 ▯，如图 7-40 所示。

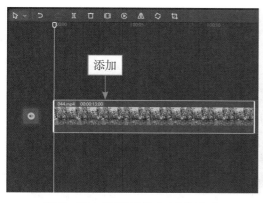

图 7-37 将视频添加到轨道中

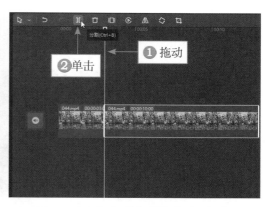

图 7-38 单击"分割"按钮（1）

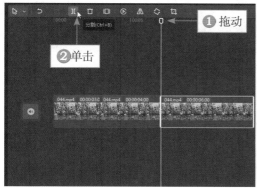

图 7-39 单击"分割"按钮（2）

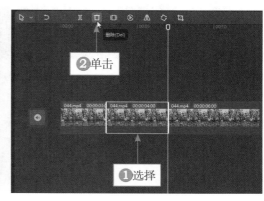

图 7-40 单击"删除"按钮

专家指点："转场"功能区中，除了"叠化"转场外，用户可以根据自己的素材来添加相应的转场。

▶▶ 步骤 5 ❶切换至"转场"功能区；❷展开"基础转场"选项卡；❸单击"叠化"转场中的⊕按钮，如图 7-41 所示。

▶▶ 步骤 6 执行操作后，即可在两个素材之间添加一个"叠化"转场，拖动转场两端的白色拉杆，调整转场时长，如图 7-42 所示。

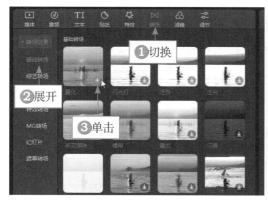

图 7-41 单击"叠化"转场中的⊕按钮

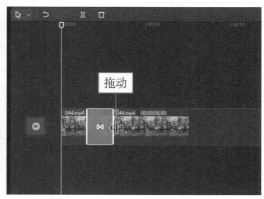

图 7-42 拖动转场两端的白色拉杆

▶▶ 步骤7 执行操作后，为视频添加一段合适的背景音乐，并调整音乐时长，完成人物瞬移重影的制作，如图 7-43 所示。

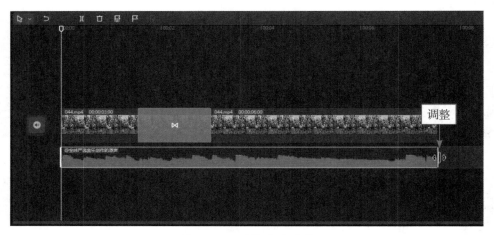

图 7-43 调整音乐时长

045 特效转场，扔衣大变活人

扫码看案例效果 扫码看教学视频

【效果展示】本节介绍的是一种比较酷炫的特效转场的制作方法，主要分为两步，首先要拍摄两段视频素材，然后通过剪映在视频的中间连接处添加"放射"转场效果和"毛刺"动感特效，效果如图 7-44 所示。

图 7-44 "放射"转场效果和"毛刺"动感特效展示

▶▶ 步骤1 ❶在剪映中导入两个视频素材；❷将其添加到视频轨道中，如图 7-45 所示。

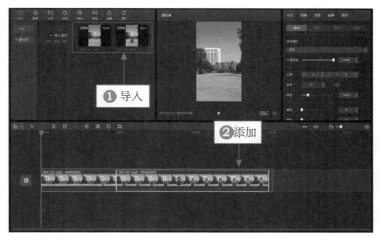

图7-45　将素材添加到视频轨道

▶▶ 步骤2　❶将时间线拖动至第1个视频中衣服即将落地的位置处；❷将视频进行分割；❸选择分割出来的后半段视频；❹单击"删除"按钮⬚，删除该片段，如图7-46所示。

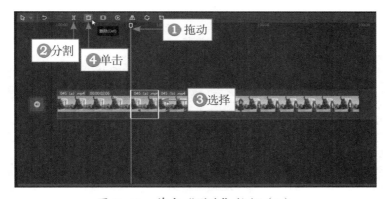

图7-46　单击"删除"按钮（1）

▶▶ 步骤3　❶将时间线拖动至第2个视频中人物跳起来的位置处；❷将视频进行分割；❸选择分割出来的前半段视频；❹单击"删除"按钮⬚，如图7-47所示。

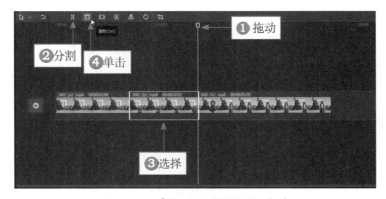

图7-47　单击"删除"按钮（2）

▶▶ 步骤 4 ❶选择人物跳跃的视频片段；❷拖动右侧的白色拉杆，适当调整其时长，如图 7-48 所示。

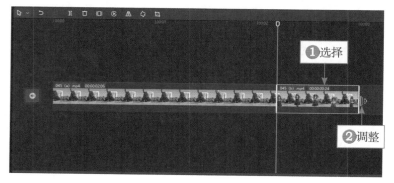

图 7-48 调整视频时长

专家指点：在拍摄第 1 个视频素材时，需要使用三脚架固定手机，然后人物在镜头侧面扔出衣服。在拍摄第 2 个视频素材时，人物的跳跃位置要与衣服的落地位置相同。

▶▶ 步骤 5 ❶单击"变速"按钮切换至该操作区；❷在"常规变速"选项卡中适当调整"倍速"参数，如图 7-49 所示，增加视频的播放时长。

图 7-49 调整"倍数"参数

▶▶ 步骤 6 ❶单击"滤镜"按钮；❷在"美食"选项卡中单击"气泡水"滤镜中的 ⊞ 按钮，如图 7-50 所示。

图 7-50 单击"气泡水"滤镜中的 ⊞ 按钮

> ▶▷ **步骤 7** 执行操作后，即可添加"气泡水"滤镜效果，并将滤镜轨道的时长调整为与视频一致，如图 7-51 所示。

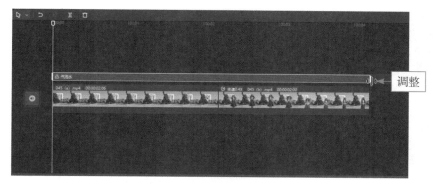

图 7-51 调整滤镜轨道的时长

> ▶▷ **步骤 8** ❶切换至"调节"功能区；❷单击"自定义调节"中的➕按钮；❸添加一个调节轨道，如图 7-52 所示。

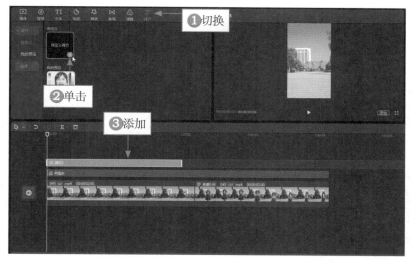

图 7-52 添加一个调节轨道

> ▶▷ **步骤 9** 选择调节轨道，将其时长调整为与视频一致，如图 7-53 所示。

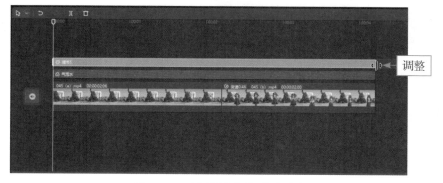

图 7-53 调整调节轨道的时长

▶▶步骤 10　在"调节"操作区中，适当调整各参数，增强整体视频画面的色彩和层次感，如图 7-54 所示。

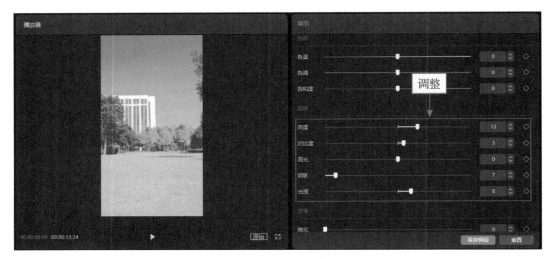

图 7-54　调整各参数

▶▶步骤 11　❶单击"转场"按钮；❷切换至"特效转场"选项卡；❸单击"放射"转场中的➕按钮；❹添加一个"放射"转场效果，如图 7-55 所示。

图 7-55　添加"放射"转场效果

▶▶步骤 12　❶单击"特效"按钮；❷切换至"动感"选项卡；❸单击"毛刺"特效中的➕按钮，如图 7-56 所示。

▶▶步骤 13　执行操作后，在转场处添加一个"毛刺"特效，如图 7-57 所示。

▶▶步骤 14　适当调整"气泡水"滤镜、"调节 1"效果和"毛刺"特效的时长，如图 7-58 所示。

▶▶步骤 15 ❶单击"音频"按钮;❷添加合适的音乐,如图 7-59 所示。

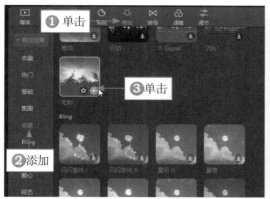

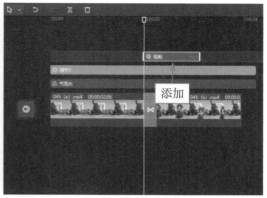

图 7-56 单击"毛刺"特效中的➕按钮　　　　图 7-57 添加"毛刺"特效

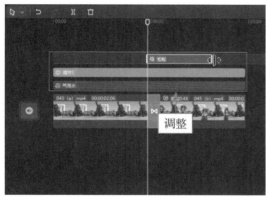

图 7-58 调整特效的时长　　　　　　图 7-59 添加合适的音乐

▶▶步骤 16 调整音频时长,对齐视频素材时长,如图 7-60 所示。在"播放器"面板中可以查看制作的视频效果。

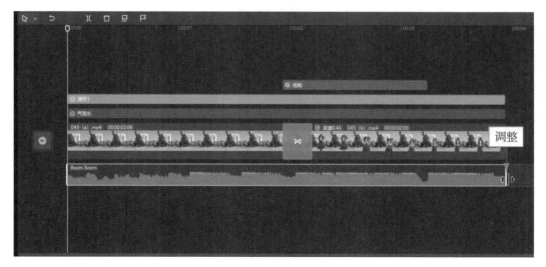

图 7-60 调整音频时长

第 7 章

转场:制作转场和变速技巧

121

046 水墨转场，典雅国风效果

【效果展示】在剪映中运用水墨转场素材，可以制作出
具有国风韵味的水墨晕染视频，效果如图 7-61 所示。

扫码看案例效果 扫码看教学视频

图 7-61　水墨转场效果展示

▶▶ 步骤 1　在剪映中导入两个视频素材，将其添加到视频轨道中，如图 7-62 所示，
并调整两个视频素材的时长。

▶▶ 步骤 2　❶切换至"素材库"选项卡；❷在搜索栏中输入"水墨转场"；❸在
下方选择一款合适的水墨素材，如图 7-63 所示。

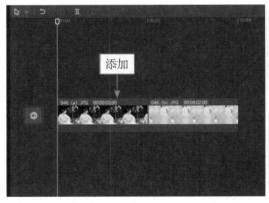 

图 7-62　添加两个视频素材　　　　　图 7-63　选择相应素材

▶▶ 步骤 3　执行操作后，❶在画中画轨道中调整转场时长；❷调整素材画面使其
铺满屏幕，如图 7-64 所示。

图 7-64　调整素材画面使其铺满屏幕

▶▶ 步骤 4　执行操作后，为视频添加一段合适的背景音乐，并调整时长，如图 7-65 所示。在"播放器"面板中可以查看制作的视频效果。

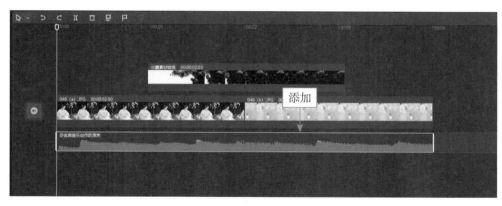

图 7-65　添加合适的背景音乐

第 **8** 章

剪辑：随心所欲的
片头片尾视频

一个完美的片头能够吸引观众继续观看视频，一个有特色的片尾能让观众意犹未尽，也能让观众记住作者的名字。本章将为大家详细介绍如何设置片头和片尾，让你的短视频产生更强的冲击力。

▶ 设置音效，制作片头效果

▶ 设置片头，制作文字消散

▶ 涂鸦片头，制作有趣效果

☀ 效果图片欣赏

047　设置音效，制作片头效果

【效果展示】在剪映素材库选项卡中有许多素材，其中可以设置剪映自带的片头素材，方法非常简单，效果如图 8-1 所示。

扫码看案例效果　扫码看教学视频

图 8-1　设置片头效果展示

▶▶ 步骤 1　在剪映中导入一段视频素材，如图 8-2 所示。

▶▶ 步骤 2　❶切换至"素材库"选项卡；❷在"片头"选项区中选择一款合适的片头素材，如图 8-3 所示。

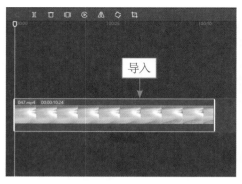

图 8-2　导入视频素材　　　　　图 8-3　选择合适的片头素材

专家指点：在"媒体"素材库中有多个分区，如黑白场、转场片段、搞笑片段、故障动画、空镜头、片头、片尾、蒸汽波、绿幕素材、节日氛围及配音片段，用户可以根据自己的需求在对应的分区中添加合适的素材片段。

▶▶ 步骤 3　❶单击"音频"按钮；❷添加合适的背景音乐，如图 8-4 所示。

▶▶ 步骤 4　调整音频的时长和位置，对齐第 2 段素材时长，如图 8-5 所示。

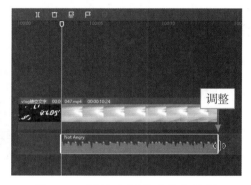

图 8-4　添加合适的背景音乐　　　　图 8-5　调整音频的时长和位置

▶▶ 步骤 5　切换至"音效素材"选项卡，在"魔法"选项区中添加合适的音效，如图 8-6 所示。

▶▶ 步骤 6　调整音效的时长和位置，对齐片头素材，如图 8-7 所示。

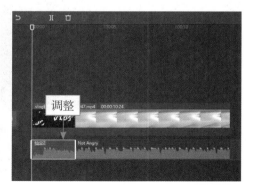

图 8-6　添加音效　　　　　　　图 8-7　调整音效的时长和位置

048　设置片头，制作文字消散

【效果展示】在剪映中利用消散粒子素材就能制作出文字消散的效果，画面非常唯美，如图 8-8 所示。

扫码看案例效果　扫码看教学视频

图 8-8　文字消散片头效果展示

▶▶ 步骤1　在剪映中导入一段视频素材，如图 8-9 所示。调整视频素材时长。

▶▶ 步骤2　❶切换至"文本"功能区；❷单击"默认文本"中的 ➕ 按钮，如图 8-10 所示。

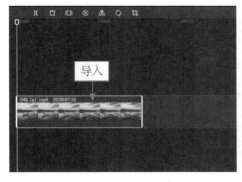

图 8-9　导入视频素材　　　　　图 8-10　单击"默认文本"中的 ➕ 按钮

▶▶ 步骤3　❶输入文字内容；❷选择合适的字体；❸调整文字的大小，如图 8-11 所示。

图 8-11　调整文字的大小

▶▶ 步骤4　调整文字的时长，对齐视频素材时长，如图 8-12 所示。

▶▶ 步骤 5　把消散粒子素材拖动至画中画轨道中，并调整其位置，对齐视频素材末尾位置，如图 8-13 所示。

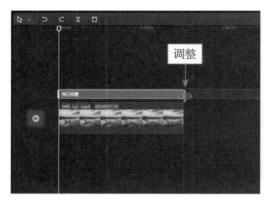

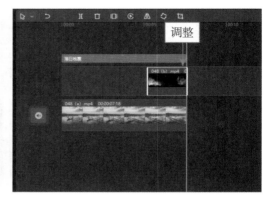

图 8-12　调整文字时长　　　　　　　　　图 8-13　调整素材的位置

▶▶ 步骤 6　❶在"混合模式"面板中选择"滤色"选项；❷调整粒子素材的位置，使消散的范围刚好覆盖文字，如图 8-14 所示。

图 8-14　调整相应素材位置

▶▶ 步骤 7　选择文字轨道，❶切换至"动画"操作区；❷在"出场"选项卡中选择"溶解"动画；❸拖动滑块，设置"动画时长"为 2.4s，如图 8-15 所示。

图 8-15　设置"动画时长"参数

▶▶ 步骤 8　❶单击"音频"按钮；❷添加合适的背景音乐，如图 8-16 所示。

▶▶ 步骤 9　调整音频的时长，对齐视频素材时长，如图 8-17 所示。

图 8-16　添加合适的背景音乐

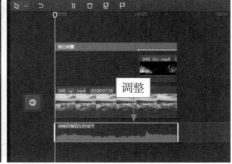

图 8-17　调整音频的时长

049　涂鸦片头，制作有趣效果

【效果展示】涂鸦片头也是利用视频素材制作的，制作的关键在于设置混合模式，当然还可以设置一些有趣、好玩的字体和文字动画，使整体效果更加充满乐趣，如图 8-18 所示。

扫码看案例效果　扫码看教学视频

图 8-18　涂鸦片头效果展示

▶▶ 步骤 1　在剪映中导入两段视频素材，如图 8-19 所示。

▶▶ 步骤 2　把视频素材添加到视频轨道中，拖动涂鸦视频素材至画中画轨道中，并调整视频素材的位置，如图 8-20 所示。

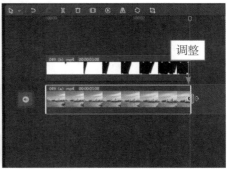

图 8-19　导入视频素材　　　　图 8-20　调整视频素材的位置

▶▶ 步骤 3　为画中画轨道中的素材设置"滤色"混合模式，调整画面大小，如图 8-21 所示。

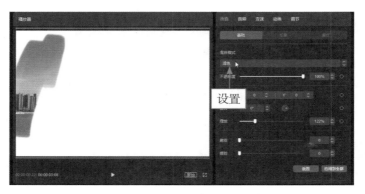

图 8-21　设置"滤色"混合模式

▶▶ 步骤 4 　❶切换至"文本"功能区；❷单击"默认文本"中的⊞按钮，如图 8-22 所示。

▶▶ 步骤 5 　调整文字的位置，对齐视频轨道末尾位置，如图 8-23 所示。

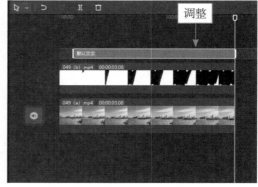

图 8-22　单击"默认文本"中的⊞按钮　　　　图 8-23　调整文字的位置

▶▶ 步骤 6 　❶输入文字内容；❷选择合适的字体；❸调整文字大小，如图 8-24 所示。

图 8-24　调整文字大小

▶▶ 步骤 7 　❶切换至"动画"操作区；❷在"入场"选项卡中选择"打字机Ⅱ"动画；❸拖动滑块，设置"动画时长"为 2.5s，如图 8-25 所示。

图 8-25　设置"动画时长"

▶▶ 步骤8　❶单击"音频"按钮；❷添加合适的背景音乐，如图 8-26 所示。

▶▶ 步骤9　调整音频的时长，对齐视频素材时长，如图 8-27 所示。

图 8-26　添加合适的背景音乐

图 8-27　调整音频的时长

050　商务片头，制作爆款年会

【效果展示】利用倒计时素材即可制作爆款年会片头，效果如图 8-28 所示。

扫码看案例效果　扫码看教学视频

图 8-28　年会片头效果展示

图 8-28　年会片头效果展示（续）

▶▷ 步骤 1　在剪映中导入一段视频素材，如图 8-29 所示。

▶▷ 步骤 2　❶单击"音频"按钮；❷添加合适的背景音乐，如图 8-30 所示。

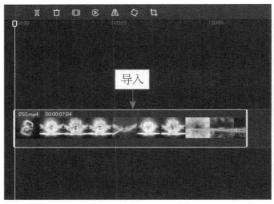

图 8-29　导入视频素材　　　　　　　　　图 8-30　添加合适的背景音乐

▶▷ 步骤 3　调整音频的时长，对齐视频素材时长，如图 8-31 所示。

▶▷ 步骤 4　❶切换至"文本"功能区；❷单击"默认文本"中的 ➕ 按钮，如图 8-32 所示。

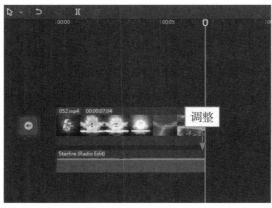
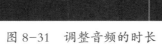

图 8-31　调整音频的时长　　　　　　　　图 8-32　单击"默认文本"中的 ➕ 按钮

▶▷ 步骤 5　❶输入文字内容；❷选择字体；❸选择文字颜色，如图 8-33 所示。

图 8-33　选择文字颜色

▶▶ 步骤 6　选中"阴影"复选框，给文字添加阴影，如图 8-34 所示。

图 8-34　选中"阴影"复选框

▶▶ 步骤 7　❶切换至"动画"操作区；❷选择"放大"入场动画；❸设置"动画时长"为 1.5s，如图 8-35 所示。

图 8-35　设置"动画时长"参数

▶▶ 步骤 8　❶切换至"出场"选项卡；❷选择"放大"动画；❸调整文字素材至

合适位置，并添加相应标注，如图 8-36 所示。

图 8-36　调整文字素材至合适位置

051　个性片尾，制作自己专属

【效果展示】简单有个性的片尾能为视频引流，增加关注和粉丝量，在剪映中就能制作出专属于自己的个性片尾，效果如图 8-37 所示。

扫码看案例效果　扫码看教学视频

图 8-37　个性片尾效果展示

▶▶ 步骤 1　在剪映中导入一张头像素材和一段头像模板绿幕素材，如图 8-38 所示。

▶▶ 步骤 2　把照片素材添加到视频轨道中，拖动头像模板绿幕素材至画中画轨道中，如图 8-39 所示。

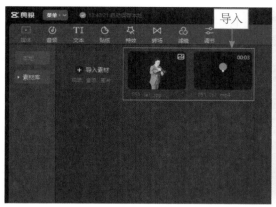

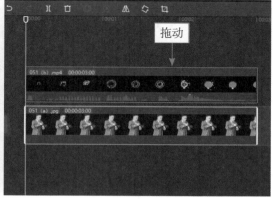

图 8-38　导入相应素材　　　　　　图 8-39　拖动素材至画中画轨道中

▶▷ 步骤 3　选中画中画轨道中的素材，❶切换至"抠像"选项卡；❷选中"色度抠图"复选框；❸单击"取色器"按钮 ；❹拖动取色器取样绿色，如图 8-40 所示。

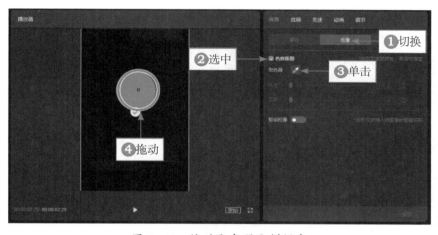

图 8-40　拖动取色器取样绿色

▶▷ 步骤 4　拖动滑块，设置"强度"和"阴影"参数为 100，如图 8-41 所示。

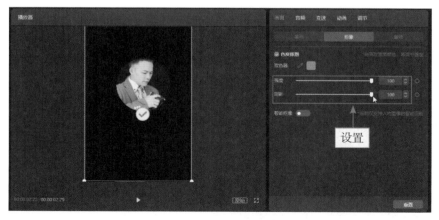

图 8-41　设置"强度"和"阴影"参数

▶▷ 步骤 5　调整头像素材的大小和位置，"缩放"和"位置"参数如图 8-42 所示。

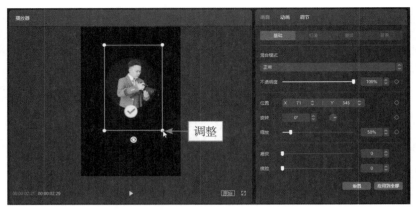

图 8-42　调整头像素材的大小和位置

▶▶ 步骤 6　拖动时间指示器至 00:00:01:24 的位置，❶切换至"文本"功能区；❷单击"默认文本"中的 ➕ 按钮，如图 8-43 所示。

▶▶ 步骤 7　调整文字的时长，对齐视频素材末尾位置，如图 8-44 所示。

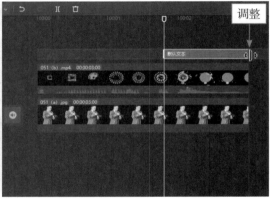

图 8-43　单击"默认文本"中的 ➕ 按钮　　　　图 8-44　调整文字的时长

▶▶ 步骤 8　❶输入文字内容；❷选择相应字体；❸调整文字大小和位置，如图 8-45 所示。

图 8-45　调整文字大小和位置

▶▶ 步骤9 ❶单击"动画"按钮；❷切换至"循环"选项卡；❸添加"逐字放大"动画；❹设置"动画快慢"为1.1s，如图8-46所示。

图 8-46 设置"动画快慢"参数为 1.1s

052 万能片尾，制作结束效果

【效果展示】万能的结束片尾可以用在各种类型的短视频或者长视频中，为视频画上完美的句号，效果如图8-47所示。

扫码看案例效果 扫码看教学视频

图 8-47 结束片尾效果展示

▶▶ 步骤1 在剪映中导入一段视频素材，如图8-48所示。

▶▶ 步骤2 ❶切换至"文本"功能区；❷单击"默认文本"中的 ➕ 按钮，如图8-49所示，添加文本后调整文字的时长。

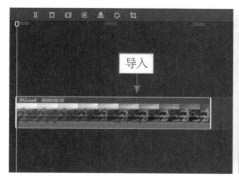 

图 8-48 导入视频素材　　图 8-49 单击"默认文本"中的 ➕ 按钮

步骤 3 ❶输入文字内容；❷选择字体，如图 8-50 所示。

图 8-50　选择字体

步骤 4 ❶单击"动画"按钮；❷选择"入场"选项卡中的"放大"动画；❸设置"动画时长"为 2.5s，如图 8-51 所示。

图 8-51　设置"动画时长"为 2.5s

步骤 5 ❶切换至"出场"选项卡；❷选择"渐隐"动画；❸设置"动画时长"为 1.0s，如图 8-52 所示。

图 8-52　设置"动画时长"为 1.0s

▶▶ 步骤6 ❶单击"特效"按钮；❷切换至"冬日"选项卡；❸单击"飘雪Ⅱ"特效中的❖按钮，如图8-53所示。

▶▶ 步骤7 ❶切换至"基础"选项卡；❷单击"闭幕"特效中的❖按钮，如图8-54所示。

▶▶ 步骤8 调整两段特效的时长和位置，如图8-55所示，在"播放器"面板中可以查看制作的视频效果。

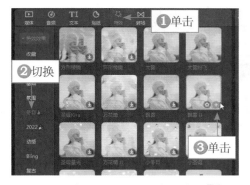
图 8-53 选择"飘雪Ⅱ"特效中的❖按钮

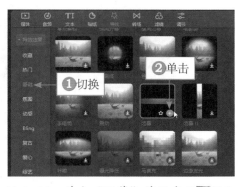
图 8-54 单击"闭幕"特效中的❖按钮

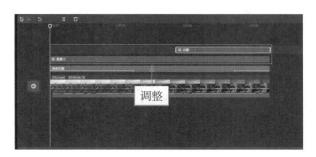
图 8-55 调整两段特效的时长和位置

053 落幕片尾，制作滚屏字幕

【效果展示】电影落幕片尾主要是运用关键帧功能制作出来的，适合用在剧情结束的视频中，效果如图8-56所示。

扫码看案例效果 扫码看教学视频

图 8-56 落幕片尾效果展示

▶▶ 步骤 1　在剪映中导入视频，单击"缩放"和"位置"右侧的关键帧按钮◆，添加关键帧，如图 8-57 所示。

图 8-57　添加关键帧

▶▶ 步骤 2　拖动时间指示器至 00:00:03:00 的位置，❶调整视频的大小和位置到画面左边的位置；❷"缩放"和"位置"右侧会自动添加关键帧◆，如图 8-58 所示。

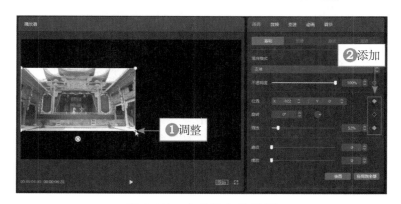

图 8-58　自动添加关键帧

▶▶ 步骤 3　❶切换至"文本"功能区；❷单击"默认文本"中的┼按钮，如图 8-59 所示。

▶▶ 步骤 4　调整文字的时长，对齐视频素材的末尾位置，如图 8-60 所示。

图 8-59　单击"默认文本"中的┼按钮

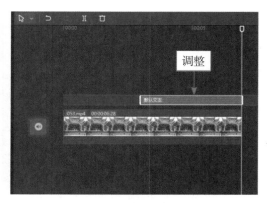

图 8-60　调整文字的时长

▶▶ 步骤5　❶输入文字内容；❷选择字体；❸添加 B 样式，如图 8-61 所示。

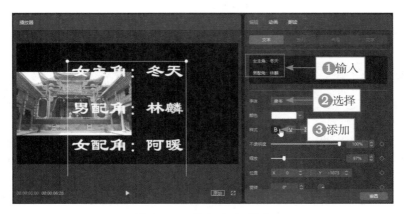

图 8-61　添加加粗样式

▶▶ 步骤6　❶在文字的起始位置单击"缩放"和"位置"右侧关键帧按钮 ◇，添加关键帧；❷调整文本框的大小和位置，如图 8-62 所示。

图 8-62　调整文本框的大小和位置

▶▶ 步骤7　拖动时间指示器至文字的末尾位置，❶调整文本框的位置；❷"位置"右侧会自动添加关键帧 ◆，如图 8-63 所示。

图 8-63　调整文本框的位置

步骤8　❶单击"音频"按钮；❷添加合适的背景音乐，如图 8-64 所示。

步骤9　调整音频的时长，对齐视频素材时长，如图 8-65 所示。在"播放器"面板中可以查看制作的视频效果。

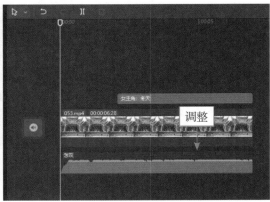

图 8-64　添加合适的背景音乐　　　　　图 8-65　调整音频的时长

第 **9** 章

照片变视频：
制作动感相册

　　照片制作成视频最直接的方式就是制作相册视频，
运用各种功能、添加多种特效就能制作出炫酷动感的
相册视频，火爆你的朋友圈。本章主要介绍具体的
制作方法，为用户提供多种模板选择，帮助大家制
作丰富多彩的相册视频，让相册库存中的照片换一
种记录方式。

新手重点索引

▶ 婚纱相册，《我们的婚礼》

▶ 儿童相册，《快乐成长》

▶ 写真相册，《青春记忆》

效果图片欣赏

054　婚纱相册，《我们的婚礼》

【效果展示】在剪映中运用各种炫酷的特效、动画和搭配合适的背景音乐，就能制作出浪漫唯美的婚纱相册，效果如图 9-1 所示。

扫码看案例效果　扫码看教学视频

图 9-1　婚纱相册效果展示

▶▶ 步骤1 在剪映中导入八张照片素材，如图9-2所示。

▶▶ 步骤2 ❶切换至"素材库"选项卡；❷添加白场素材，如图9-3所示。

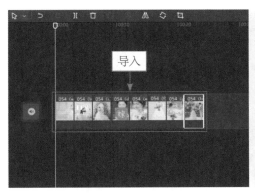 

图9-2　导入照片素材　　　　　　　　图9-3　添加白场素材

▶▶ 步骤3 ❶设置比例为9∶16；❷选择"背景填充"面板中的第4个"模糊"背景样式；❸单击"应用到全部"按钮，如图9-4所示。

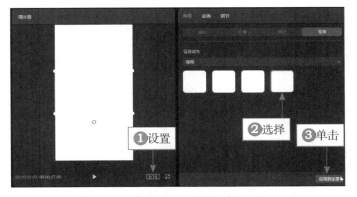

图9-4　单击"应用到全部"按钮

▶▶ 步骤4 ❶切换至"文本"功能区；❷单击"默认文本"中的■按钮，如图9-5所示。

▶▶ 步骤5 调整文字和第1段素材的时长一致，如图9-6所示。

 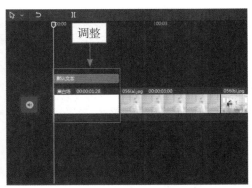

图9-5　单击"默认文本"中的■按钮　　　图9-6　调整文字时长

步骤6 ❶输入文字内容；❷选择相应字体；❸选择相应文字颜色；❹调整文字的大小和位置，如图9-7所示。

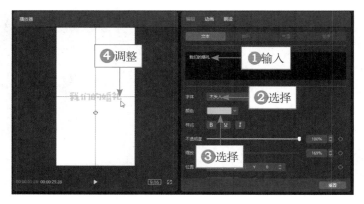

图9-7 调整文字的大小和位置

步骤7 ❶切换至"动画"操作区；❷在"入场"选项卡中选择"打字机Ⅱ"动画；❸设置"动画时长"为1.9s，如图9-8所示。

图9-8 设置"动画时长"为1.9s

步骤8 ❶切换至"音频"功能区；❷单击"打字声"音效中的➕按钮，如图9-9所示。

步骤9 调整音效的时长，对齐第1段素材，如图9-10所示。

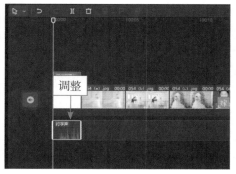

图9-9 单击"打字声"音效中的➕按钮　　图9-10 调整音效的时长

▶▶步骤 10　❶切换至"抖音收藏"选项卡；❷添加合适的音乐，如图 9-11 所示。

▶▶步骤 11　❶单击"自动踩点"按钮 ；❷在弹出的面板中选择"踩节拍Ⅱ"选项，如图 9-12 所示。

图 9-11　添加合适的音乐　　　　　图 9-12　选择"踩节拍Ⅱ"选项

▶▶步骤 12　根据踩点和歌词调整每段素材的时长，删除多余音频，如图 9-13 所示。

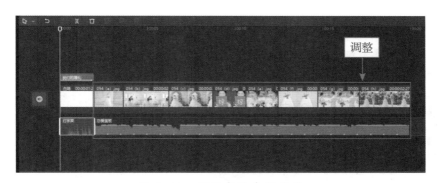

图 9-13　调整每段素材时长

▶▶步骤 13　选择第 3 段素材，添加"缩放"组合动画，如图 9-14 所示。并为第 4 段素材添加"四格转动"动画，为第 7 段素材添加"向左缩小"动画，为第 8 段素材添加"悠悠球"动画，为第 9 段素材添加"碎块滑动Ⅱ"动画。

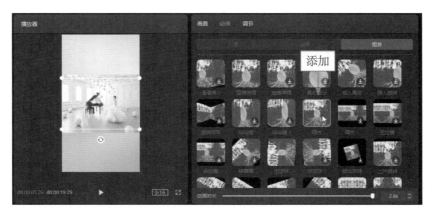

图 9-14　添加"缩放"组合动画

▶▶ 步骤 14　❶切换至"特效"功能区；❷单击"变清晰"特效中的➕按钮，如图9-15所示。

▶▶ 步骤 15　调整特效的时长和位置，对齐第2段素材，如图9-16所示。

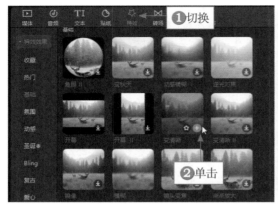

图 9-15　单击"变清晰"特效中的➕按钮　　　　图 9-16　调整特效的时长和位置

▶▶ 步骤 16　用与上相同的操作方法，为剩下部分素材添加相应的特效，并调整到合适的位置，如图9-17所示。

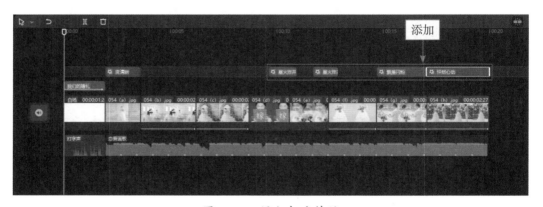

图 9-17　添加相应特效

055　儿童相册，《快乐成长》

【效果展示】在制作儿童相册时，可以添加一些童趣贴纸，丰富画面，还可以加入手势素材，使照片的切换更加自然，效果如图9-18所示。

扫码看案例效果　扫码看教学视频

▶▶ 步骤 1　在剪映中导入十六张照片素材至视频轨道中，拖动手势绿幕视频素材至画中画轨道中，如图9-19所示。

▶▶ 步骤 2　❶单击"音频"按钮；❷切换至"抖音收藏"选项卡；❸添加合适的背景音乐，如图9-20所示。

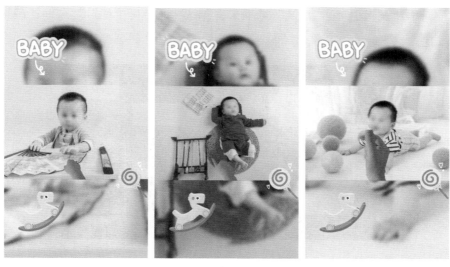

图 9-18　儿童相册效果展示

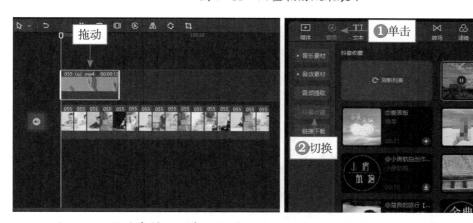

图 9-19　拖动素材至画中画轨道　　　　图 9-20　添加合适的背景音乐

▶▶ 步骤3　❶设置比例为 9:16；❷选择"背景填充"面板中的第 1 个"模糊"背景样式；❸单击"应用到全部"按钮，如图 9-21 所示。

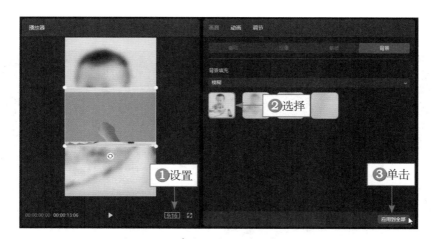

图 9-21　单击"应用到全部"按钮

步骤4 ❶切换至"抠像"选项卡；❷选中"色度抠图"复选框；❸单击"取色器"按钮 ✏️；❹拖动取色器，取样画面中的绿色，如图 9-22 所示。

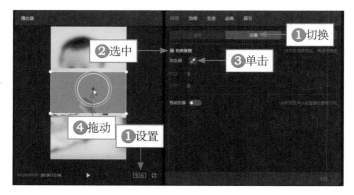

图 9-22　取样画面中的绿色

步骤5 ❶设置"强度"和"阴影"参数为 100；❷调整画中画轨道中素材的大小和位置，如图 9-23 所示。

图 9-23　调整画中画轨道中素材的大小和位置

步骤6 根据画中画轨道中素材的手势和时长，调整视频轨道中每段素材的时长，并删除多余的音频，如图 9-24 所示。

步骤7 ❶单击"贴纸"按钮；❷在"亲子"选项卡中添加贴纸，如图 9-25 所示。

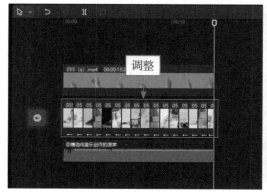

图 9-24　调整素材时长

图 9-25　添加贴纸

▶▶ 步骤 8　再添加两款"亲子"贴纸，调整三款"亲子"贴纸的大小和位置，如图 9-26 所示。调整贴纸的时长，对齐视频轨道的时长。

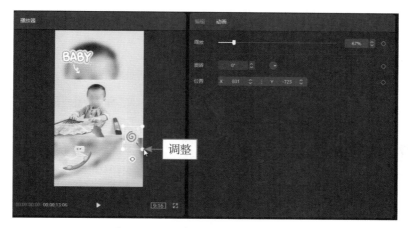

图 9-26　调整贴纸的大小和位置

▶▶ 步骤 9　选择第 1 段素材，❶单击"动画"按钮；❷切换至"出场"选项卡；❸选择"向左滑动"动画，如图 9-27 所示。用同样的方法，为第 2 段至第 3 段素材添加"向左滑动"出场动画，为第 4 段至第 7 段素材添加"向下滑动"出场动画，为第 8 段至第 12 段素材添加"向左滑动"出场动画，为第 13 段至第 16 段素材添加"轻微放大"出场动画。

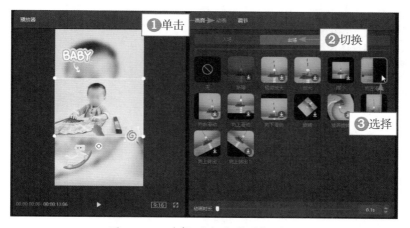

图 9-27　选择"向左滑动"动画

056　写真相册，《青春记忆》

【效果展示】"少年"这首 BGM 长期占据着各大短视频和音乐平台的热门排行榜，高亢的歌声、动听的旋律及充满正能量的歌词，引起了无数网友的共鸣。下面就来教大家使用这个 BGM 制作一个关于青春回忆的短视频效果，如图 9-28 所示。

扫码看案例效果　扫码看教学视频

我还是从前那个少年　　　　没有一丝丝改变

图 9-28　写真相册效果展示

▶▶ 步骤 1　在剪映中导入五张照片素材和背景音乐素材，如图 9-29 所示。

▶▶ 步骤 2　将照片素材和背景音乐素材分别添加到视频轨道和音频轨道中，如图 9-30 所示。

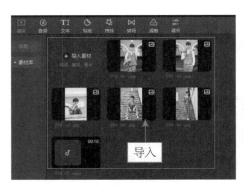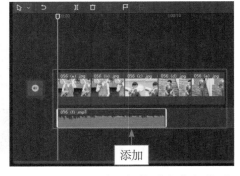

图 9-29　导入照片和背景音乐素材　　　　图 9-30　添加到视频轨道和音频轨道

▶▶ 步骤 3　在视频轨道中，❶将第 1 个素材文件的时长调整为 00:00:03:05；❷将其他素材文件的时长调整为 00:00:01:06，如图 9-31 所示。调整音乐时长与素材一致。

▶▶ 步骤 4　在视频轨道中，选择第 1 个素材文件，如图 9-32 所示。

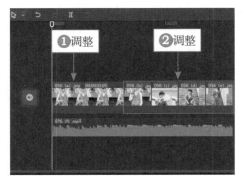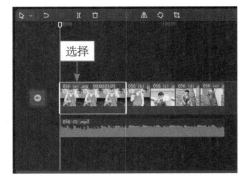

图 9-31　调整素材文件的时长　　　　图 9-32　选择第 1 个素材文件

专家指点：在剪映中，用户不仅可以使用"转场"功能来实现素材与素材之间的切换，也可以利用"动画"功能来做转场，能够让各个素材之间的连接更加紧密，获得更流畅和平滑的过渡效果，从而让短视频作品显得更加专业。

▶▶ 步骤5 ❶切换至"动画"操作区；❷在"入场"选项卡中选择"缩小"选项，添加动画效果，如图9-33所示。

▶▶ 步骤6 分别选择后面的四个素材文件，为其添加"向左下甩入"入场动画，效果如图9-34所示。

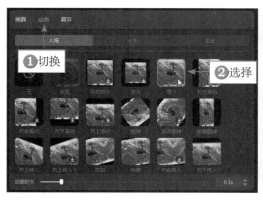

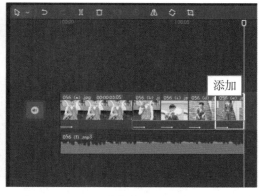

图9-33 选择"缩小"选项　　　　图9-34 添加"向左下甩入"入场动画

▶▶ 步骤7 将时间指示器拖动至开始位置，❶切换至"特效"功能区；❷在"基础"选项卡中单击"变清晰"特效中的➕按钮，如图9-35所示。

▶▶ 步骤8 将其添加到第1个素材文件的上方，并将时长调整为一致，如图9-36所示。

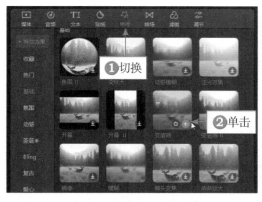

图9-35 单击"变清晰"特效中的➕按钮　　　　图9-36 调整相应时长

▶▶ 步骤9 在"特效"功能区中，❶切换至"氛围"选项卡；❷单击"星火Ⅱ"特效中的➕按钮，如图9-37所示。

▶▶ 步骤10 将"星火Ⅱ"特效添加到第2个素材文件的上方，并将时长调整为一致，如图9-38所示。

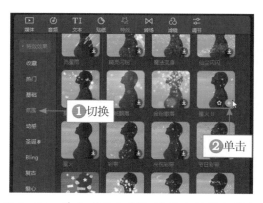

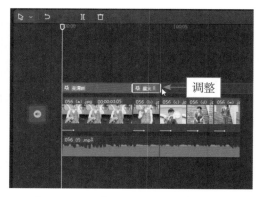

图 9-37　单击"星火Ⅱ"特效中的添加按钮　　　图 9-38　调整"星火Ⅱ"特效时长

▶▶步骤 11　复制多个"星火Ⅱ"特效，将其粘贴到其他素材文件的上方，如图 9-39 所示。

▶▶步骤 12　❶单击"文本"按钮；❷切换至"识别歌词"选项卡；❸单击"开始识别"按钮，如图 9-40 所示。

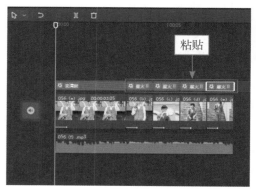

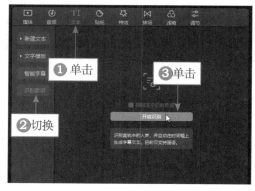

图 9-39　复制并粘贴特效　　　　　　　图 9-40　单击"开始识别"按钮

▶▶步骤 13　稍等片刻，即可自动生成对应的歌词字幕，如图 9-41 所示。

▶▶步骤 14　选择文本，❶切换至"编辑"操作区；❷在"花字"选项卡中选择相应的花字模板，如图 9-42 所示。

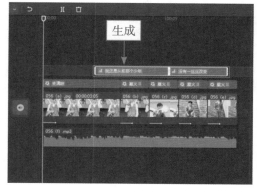

图 9-41　生成歌词字幕　　　　　　　　图 9-42　选择相应的花字模板

▷▷ 步骤 15 在预览窗口中适当调整歌词的位置，如图 9-43 所示。

▷▷ 步骤 16 ❶切换至"动画"操作区；❷在"入场"选项卡中选择"收拢"选项；❸设置"动画时长"为 1.0s，如图 9-44 所示。为所有的歌词字幕添加文本动画效果，播放预览视频，随着歌曲节奏的变化，视频画面中出现了动态照片切换效果，

 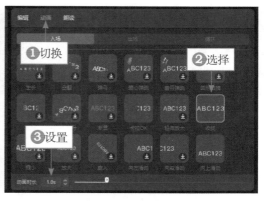

图 9-43 调整歌词效果　　　　图 9-44 设置"动画时长"参数

057 生活相册，《自拍合集》

【效果展示】使用剪映的"组合"动画、Bling 特效及"模糊"背景填充等功能，可以将多张自拍照制作成自拍合集视频效果，效果如图 9-45 所示。

扫码看案例效果 扫码看教学视频

图 9-45 生活相册效果展示

▷▷ 步骤 1 在剪映中导入九张照片素材，如图 9-46 所示。

▷▷ 步骤 2 将照片素材分别添加到视频轨道中，如图 9-47 所示。

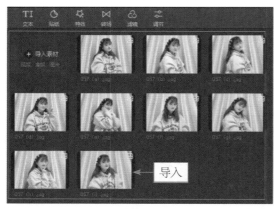

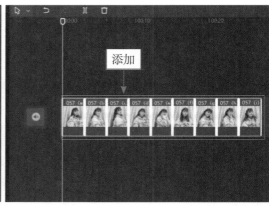

图 9-46　导入多张照片素材文件　　　　　　图 9-47　添加素材文件

▶▶ 步骤 3　通过拖动照片素材上的白色拉杆，调整第 2 张照片素材的时长为 00:00:01:01、第 3～第 9 张照片素材的时长均为 00:00:00:29，如图 9-48 所示。

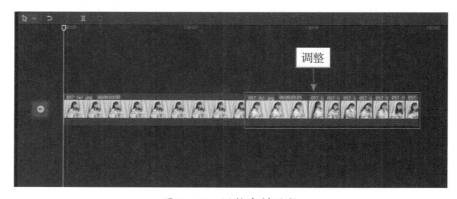

图 9-48　调整素材时长

▶▶ 步骤 4　选择第 1 张照片素材，如图 9-49 所示。

▶▶ 步骤 5　在预览窗口中可以预览画面效果，如图 9-50 所示。

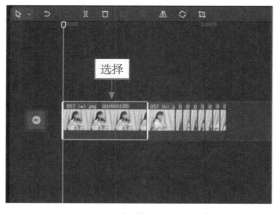

图 9-49　选择第 1 张照片素材　　　　　　图 9-50　预览画面效果

▶▶ 步骤 6　❶切换至"调节"操作区；❷设置"饱和度"参数为 9；❸设置"色温"参数为 -30；❹单击"应用到全部"按钮，如图 9-51 所示。

>> 步骤7 执行操作后，即可将素材画面调整得更加透亮，使人物肤色更加显白，效果如图9-52所示。

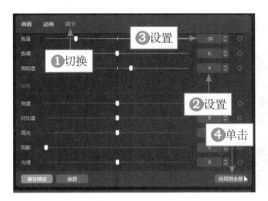

图9-51 单击"应用到全部"按钮　　　　图9-52 调整后的照片效果

>> 步骤8 ❶切换至"动画"操作区；❷展开"组合"选项卡，如图9-53所示。

>> 步骤9 ❶选择"降落旋转"选项；❷设置"动画时长"为最长，如图9-54所示。

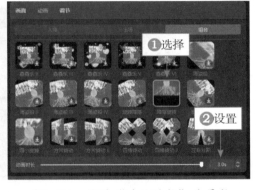

图9-53 展开"组合"选项卡　　　　图9-54 设置"动画时长"为最长

>> 步骤10 ❶选择视频轨道中的第2张照片素材；❷在"动画"操作区的"组合"选项卡中选择"旋转降落"选项，如图9-55所示。

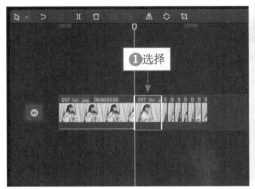

图9-55 选择"旋转降落"选项

步骤 11 ❶选择视频轨道中的第 3 张照片素材；❷在"动画"操作区的"组合"选项卡中选择"旋入晃动"选项，如图 9-56 所示。

图 9-56　选择"旋入晃动"选项

步骤 12 ❶选择视频轨道中的第 4 张照片素材；❷在"动画"操作区的"组合"选项卡中选择"荡秋千"选项，如图 9-57 所示。

图 9-57　选择"荡秋千"选项

步骤 13 ❶选择视频轨道中的第 5 张照片素材；❷在"动画"操作区的"组合"选项卡中选择"荡秋千Ⅱ"选项，如图 9-58 所示。

图 9-58　选择"荡秋千Ⅱ"选项

▷▷ 步骤 14 ❶选择视频轨道中的第 6 张照片素材；❷在"动画"操作区的"组合"选项卡中选择"旋转降落"选项，如图 9-59 所示。

图 9-59 选择"旋转降落"选项

▷▷ 步骤 15 用与上相同的操作方法，❶为第 7、8、9 张照片素材添加与第 4、5、6 张照片素材相同的动画效果；❷将时间指示器拖动至开始位置；❸选择第 1 张照片素材，如图 9-60 所示。

▷▷ 步骤 16 在"播放器"面板的右下角，❶单击"原始"按钮；❷在弹出的下拉列表框中选择"9：16（抖音）"选项，如图 9-61 所示。

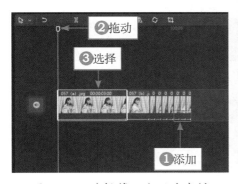

图 9-60 选择第 1 张照片素材　　图 9-61 选择"9：16（抖音）"选项

▷▷ 步骤 17 执行操作后，即可调整视频的画布比例，如图 9-62 所示。

▷▷ 步骤 18 ❶切换至"画面"操作区；❷展开"背景"选项卡；❸单击"背景填充"下方的下拉按钮；❹在弹出的下拉列表框中选择"模糊"选项，如图 9-63 所示。

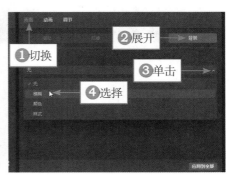

图 9-62 调整视频的画布比例　　图 9-63 选择"模糊"选项

专家指点：在处理视频画布比例时，用户可以在预览窗口中通过拖动素材四周控制柄的方式，调整素材显示的大小和位置，也可以根据需要结合前文所学技巧对画面进行裁剪。

▶▶步骤 19　在"模糊"选项区中，❶选择第 1 个样式；❷单击面板下方的"应用到全部"按钮，即可将当前背景设置应用到视频轨道的全部素材片段上，如图 9-64 所示。在预览窗口中，可以查看背景模糊效果。

▶▶步骤 20　❶在视频轨道中选择第 4 张照片素材；❷在预览窗口中调整素材的大小和位置，如图 9-65 所示。用同样的方法在视频轨道中选择第 5 ～ 8 张照片素材，在预览窗口中调整其大小和位置。

图 9-64　单击"应用到全部"按钮

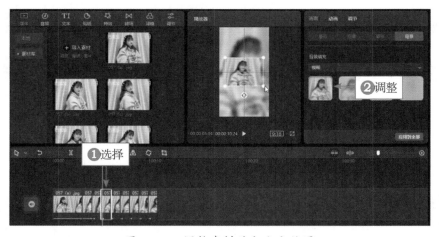

图 9-65　调整素材的大小和位置

专家指点：在预览窗口中调整素材的大小和位置，可以结合添加的动画效果进行调整，调整完成后要拖动时间指示器查看一下调整后的效果，如果不满意再继续拖动素材控制柄进行微调。

▶▶步骤 21　再次将时间指示器拖动至开始位置处，❶单击"特效"按钮；❷展开Bling 选项卡；❸单击"星星闪烁Ⅱ"特效中的 ⊞ 按钮，如图 9-66 所示。

图 9-66　单击"星星闪烁Ⅱ"特效中的✚按钮

▶▶步骤 22　执行操作后，❶即可添加一个"星星闪烁Ⅱ"特效；❷拖动特效右侧的白色拉杆调整其时长，如图 9-67 所示。

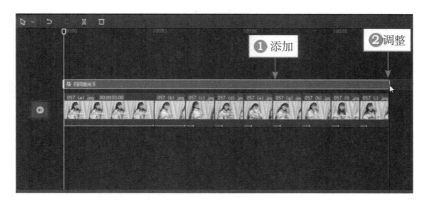

图 9-67　调整特效时长

> 专家指点：在"特效"功能区中提供了多款 Bling 特效，用户可以多加尝试，根据自己的素材选择一个或多个适用的特效。

▶▶步骤 23　在音频轨道中，添加合适的背景音乐，如图 9-68 所示。在预览窗口中，在"播放器"面板中可以查看制作的视频效果。

图 9-68　添加合适的背景音乐

058 动态写真，《九宫格朋友圈》

【效果展示】本实例主要使用剪映的"滤色"混合模式，同时加上各种特效、贴纸和视频动画等功能，制作出创意十足的朋友圈九宫格动态写真视频效果，如图9-69所示。

扫码看案例效果　扫码看教学视频

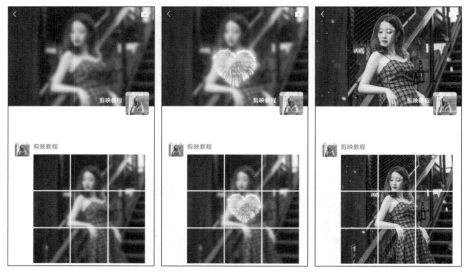

图 9-69　动态写真效果展示

▶▶ 步骤1　在微信朋友圈中发布九张纯黑色的图片，同时将朋友圈封面也设置为纯黑色的图片并截图，如图9-70所示。

图 9-70　设置朋友圈后进行截图

▶▶ 步骤2　❶在剪映中导入一张照片素材；❷将其添加到视频轨道中，将时长调整为6s；❸在中间位置处对视频轨道进行分割处理，如图9-71所示。

图 9-71　分割视频轨道

▶▶ 步骤 3　❶切换"特效"功能区；❷在"基础"选项卡中单击"模糊"特效中的 ✚ 按钮，如图 9-72 所示。

▶▶ 步骤 4　将其添加到第 1 个素材文件的上方，并将时长调整为一致，如图 9-73 所示。

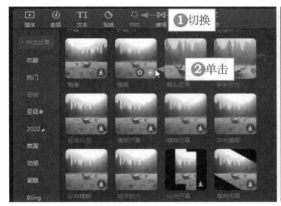
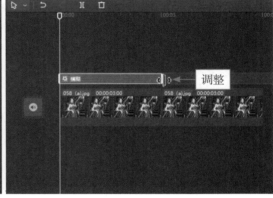

图 9-72　单击"模糊"特效中的 ✚ 按钮　　　　图 9-73　调整特效轨道的时长

▶▶ 步骤 5　❶切换至"贴纸"功能区；❷在"炸开"选项卡中选择一个爱心贴纸；❸将其添加到第 1 个素材文件的上方并调整时长，如图 9-74 所示。

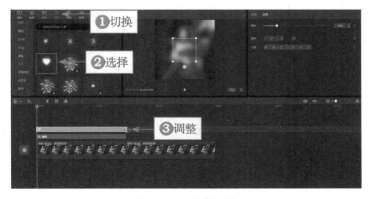

图 9-74　调整时长

▶▶ 步骤 6　在视频轨道中，选择第 2 个素材文件，如图 9-75 所示。

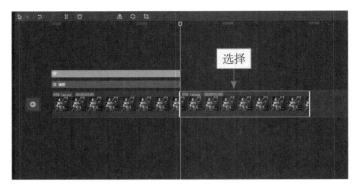

图 9-75 选择第 2 个素材文件

▶▷ 步骤 7 ❶切换至"动画"操作区；❷在"入场"选项卡中选择"向右下甩入"选项，如图 9-76 所示。

▶▷ 步骤 8 ❶切换至"特效"功能区；❷在"氛围"选项卡中单击"金粉"特效中的➕按钮，如图 9-77 所示。

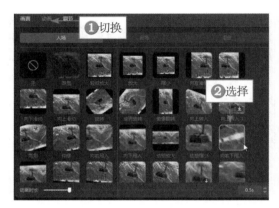

图 9-76 选择"向右下甩入"选项

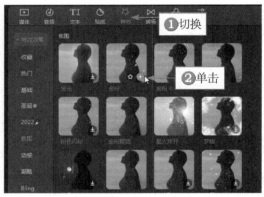

图 9-77 单击"金粉"特效中的➕按钮

▶▷ 步骤 9 在第 2 个素材文件的上方添加"金粉"特效，如图 9-78 所示。导出保存视频。

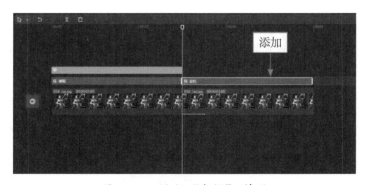

图 9-78 添加"金粉"特效

▶▷ 步骤 10 新建一个草稿命令，❶导入截屏的朋友圈图片和上面做好的视频素材；❷将朋友圈截屏图片添加到主视频轨道中，如图 9-79 所示。

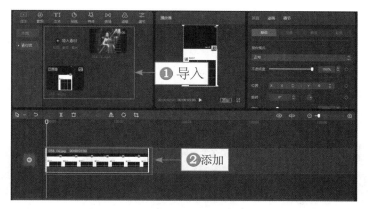

图 9-79　导入并添加相应素材到视频轨道

▶▷步骤 11　将做好的视频素材添加至画中画轨道中，选择画中画轨道，如图 9-80 所示。

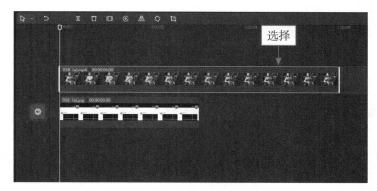

图 9-80　选择画中画轨道

▶▷步骤 12　在预览窗口中，适当调整视频画面的大小和位置，使其刚好覆盖九宫格照片区域，如图 9-81 所示。

图 9-81　调整视频画面的大小和位置

▶▷步骤 13　❶切换至"画面"操作区；❷在"基础"选项卡中选择"滤色"选项；

❸合成视频画面，如图 9-82 所示。

▶▶步骤 14　❶复制画中画轨道中的视频素材，❷将其粘贴至第 2 个画中画轨道中的相同位置处；❸在预览窗口中适当调整视频画面的大小和位置，如图 9-83 所示。

▶▶步骤 15　在音频素材中添加合适的背景音乐，调整音频时长和视频时长，对齐画中画轨道素材时长，如图 9-84 所示。在"播放器"面板中可以查看制作的视频效果。

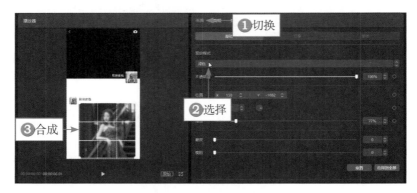

图 9-82　合成视频画面

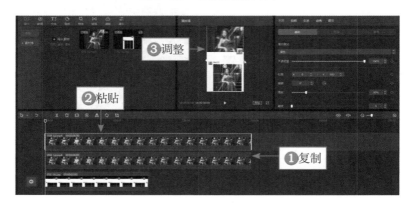

图 9-83　调整视频画面大小

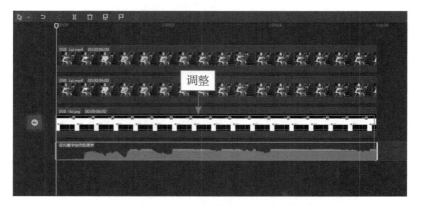

图 9-84　调整素材时长

第 **10** 章

短视频制作流程：
《健身日记》

在剪映电脑版中制作短视频非常方便，因为界面比手机版的大，用户可以导入很多照片素材进行加工，比手机版剪映更加专业。本章主要介绍《健身日记》短视频的制作流程，包括效果欣赏与导入素材、制作效果及后期处理等，帮助大家了解流程，制作出属于自己的短视频。

新手重点索引

▶ 效果欣赏与导入素材

▶ 制作效果

▶ 后期处理

效果图片欣赏

10.1　效果欣赏与导入素材

在制作《健身日记》短视频之前，首先带领读者预览视频的画面效果，让读者更好地掌握健身日记的制作方法，接下来就是导入素材的步骤。

10.1.1　效果欣赏

扫码看案例效果

【效果展示】在剪映中添加动画和特效能让视频变得炫酷动感，特别是健身类的视频，很适合加入动感特效，画面会变得更加夺人眼球，效果如图 10-1 所示。

图 10-1　《健身日记》效果展示

图 10-1　《健身日记》效果展示（续）

10.1.2　导入素材

这个短视频是由照片组合制作而成的，制作视频的第一步就是按图片顺序导入这些照片素材。下面介绍在剪映中导入素材的操作方法。

▶▶ 步骤 1　在文件夹中全选照片素材，拖动至剪映中，如图 10-2 所示。

▶▶ 步骤 2　❶全选"本地"面板中的所有照片素材；❷单击第 1 个素材右下角的 ⊞ 按钮，如图 10-3 所示。

扫码看教学视频

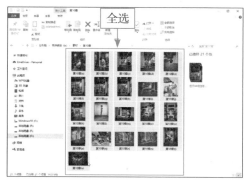

图 10-2　全选照片素材

图 10-3　单击相应按钮

▶▶ 步骤 3　执行操作后，即可把所有照片素材导入视频轨道中，如图 10-4 所示。

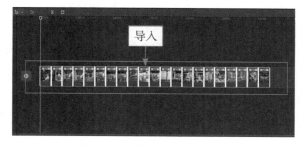

图 10-4　导入视频轨道中

10.2 制作效果

导入素材后，即可对素材进行加工制作效果，让照片变得动感起来，组合成一个炫酷的、有内容的视频。下面主要介绍如何添加音乐、动画、特效及文字，让视频变得完整。

10.2.1 添加音乐

在添加背景音乐时，可以添加"抖音收藏"中已经收藏好的歌曲，这样会更加方便和快捷。下面介绍在剪映中添加音乐的操作方法。

扫码看教学视频

▶▶ 步骤1 ❶单击"音频"按钮；❷切换至"抖音收藏"选项卡，如图 10-5 所示。

▶▶ 步骤2 添加合适的背景音乐，如图 10-6 所示。

图 10-5　切换至"抖音收藏"选项卡

图 10-6　添加合适的背景音乐

> 专家指点："音频"功能区中有 5 个分区，分别为：音乐素材、音效素材、音频提取、抖音收藏、链接下载，用户可以根据自己的素材效果来添加合适的音乐。

▶▶ 步骤3 ❶单击"自动踩点"按钮；❷选择"踩节拍Ⅱ"选项，如图 10-7 所示。

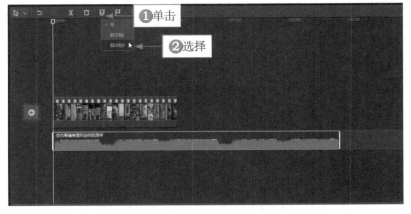

图 10-7　选择"踩节拍Ⅱ"选项

▶▷ **步骤 4** 根据小黄点的位置和音乐节奏调整每段素材的时长，最后删除多余的音频，如图 10-8 所示。

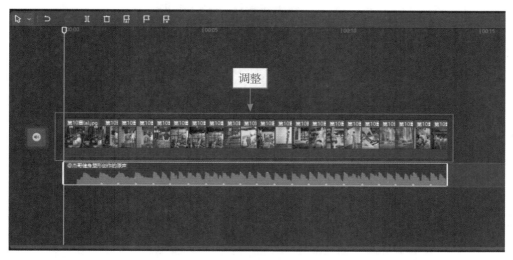

图 10-8 调整素材的时长

10.2.2 添加动画

素材的动感离不开动画效果，添加合适的入场动画和组合动画，能让素材之间的连接更加自然，也能让视频更加炫酷。下面介绍在剪映中添加动画的操作方法。

扫码看教学视频

▶▷ **步骤 1** 选中第 1 段素材，❶单击"动画"按钮；❷切换至"组合"选项卡；❸选择"抖入放大"动画，如图 10-9 所示。

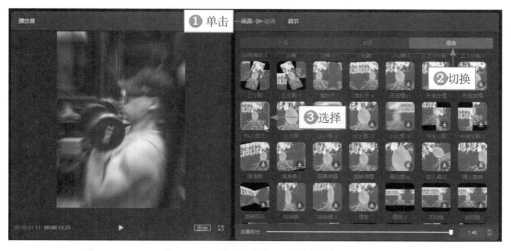

图 10-9 选择"抖入放大"动画

▶▷ **步骤 2** 选中第 2 段素材，❶单击"动画"按钮；❷切换至"入场"选项卡；❸选择"向右滑动"动画，如图 10-10 所示。

图 10-10　选择"向右滑动"动画

步骤 3　选中第 3 段素材，❶单击"动画"按钮；❷切换至"入场"选项卡；❸选择"向上滑动"动画，如图 10-11 所示。

图 10-11　选择"向上滑动"动画

步骤 4　选中第 4 段素材，❶单击"动画"按钮；❷切换至"入场"选项卡；❸选择"漩涡旋转"动画，如图 10-12 所示。

图 10-12　选择"漩涡旋转"动画

▶▷ 步骤5 选中第5段素材，❶单击"动画"按钮；❷切换至"入场"选项卡；❸选择"抖动下降"动画，如图 10-13 所示。

图 10-13 选择"抖动下降"动画

▶▷ 步骤6 选中第6段素材，❶单击"动画"按钮；❷切换至"入场"选项卡；❸选择"向上转入"动画，如图 10-14 所示。

图 10-14 选择"向上转入"动画

▶▷ 步骤7 选中第7段素材，❶单击"动画"按钮；❷切换至"入场"选项卡；❸选择"向右转入"动画，如图 10-15 所示。

图 10-15 选择"向右转入"动画

▶▶ 步骤 8　选中第8段素材，❶单击"动画"按钮；❷切换至"组合"选项卡；❸选择"四格翻转"动画，如图 10-16 所示。

图 10-16　选择"四格翻转"动画

▶▶ 步骤 9　用与上相同的操作方法，为剩下的素材添加合适的"入场"或者"组合"动画，效果如图 10-17 所示。

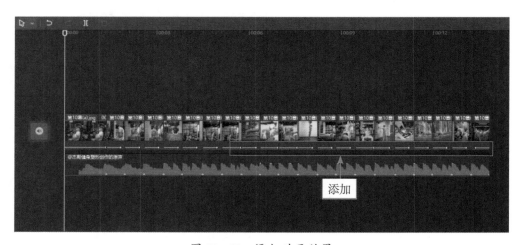

图 10-17　添加动画效果

10.2.3　添加特效

运动类的短视频很适合添加动感特效，添加之后会使画面变得更加炫彩夺目。下面介绍在剪映中添加特效的操作方法。

▶▶ 步骤 1　❶单击"特效"按钮；❷切换至"动感"选项卡，如图 10-18 所示。

▶▶ 步骤 2　单击"几何图形"特效中的 ➕ 按钮，如图 10-19 所示。

扫码看教学视频

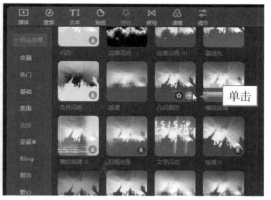

图 10-18　切换至"动感"选项卡　　　　图 10-19　单击"几何图形"特效中的➕按钮

▶▶ 步骤 3　拖动时间指示器至特效素材的末尾位置，如图 10-20 所示。

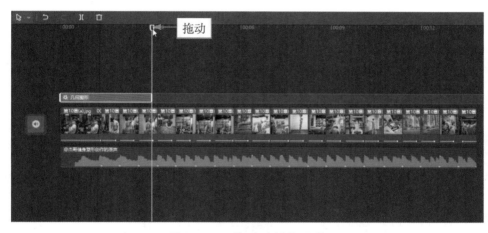

图 10-20　拖动时间指示器

▶▶ 步骤 4　❶单击"特效"按钮；❷切换至"动感"选项卡，如图 10-21 所示。

▶▶ 步骤 5　单击"霓虹摇摆"特效中的➕按钮，如图 10-22 所示。

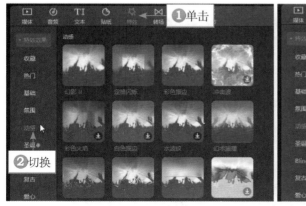
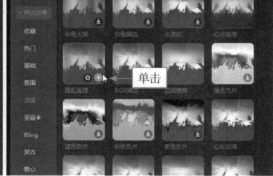

图 10-21　切换至"动感"选项卡　　　　图 10-22　单击"霓虹摇摆"特效中的➕按钮

▶▶ 步骤 6　调整特效时长，拖动时间指示器至特效素材的末尾位置，如图 10-23 所示。

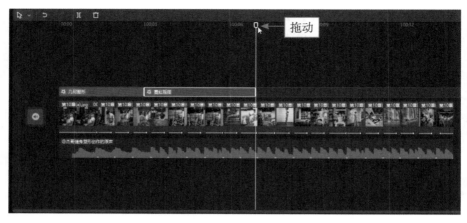

图 10-23 拖动时间指示器

▶▶ 步骤 7 ❶单击"特效"按钮；❷切换至"动感"选项卡，如图 10-24 所示。

▶▶ 步骤 8 单击"灵魂出窍"特效中的 ➕ 按钮，如图 10-25 所示。

图 10-24 切换至"动感"选项卡 　　图 10-25 单击"灵魂出窍"特效中的 ➕ 按钮

▶▶ 步骤 9 调整特效时长，拖动时间指示器至特效素材的末尾位置，如图 10-26 所示。

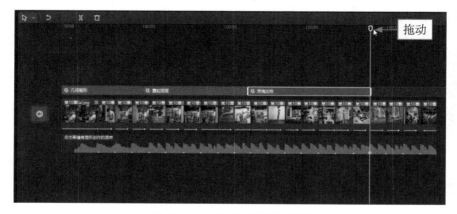

图 10-26 拖动时间指示器

▶▶步骤 10　❶单击"特效"按钮；❷切换至"动感"选项卡，如图 10-27 所示。

▶▶步骤 11　单击"边缘 glitch"特效中的 ➕ 按钮，如图 10-28 所示。

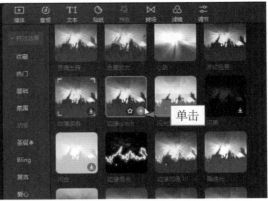

图 10-27　切换至"动感"选项卡　　　图 10-28　单击"边缘 glitch"特效中的 ➕ 按钮

▶▶步骤 12　调整特效的时长，对齐视频素材时长，如图 10-29 所示。

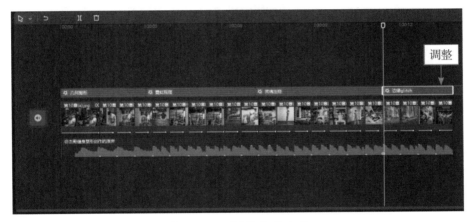

图 10-29　调整特效时长

专家指点：在"动感"选项卡中有 57 个特效，用户可以根据自己的视频素材添加合适的动感特效。

10.2.4　添加文字

为了让观众了解视频的主题，添加合适的文字是非常关键的。下面介绍在剪映中添加文字的操作方法。

▶▶步骤 1　❶切换至"文本"功能区；❷单击"默认文本"中的 ➕ 按钮，如图 10-30 所示。

扫码看教学视频

▶▶步骤 2　调整文字的时长，对齐第 2 段素材的末尾位置，如图 10-31 所示。

图 10-30　单击"默认文本"中的➕按钮

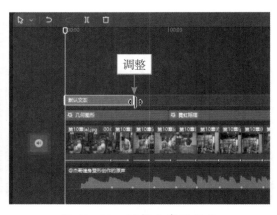

图 10-31　调整文字的时长

▶▶ 步骤3　❶更改文字内容；❷选择合适的字体；❸调整文字的大小和位置，如图 10-32 所示。

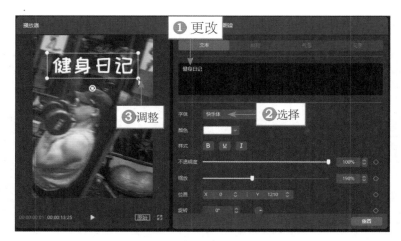

图 10-32　调整文字的大小和位置

▶▶ 步骤4　❶单击"动画"按钮；❷切换至"循环"选项卡；❸选择"心跳"动画；❹设置"动画快慢"为 2.4s，如图 10-33 所示。

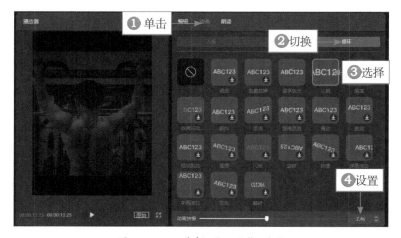

图 10-33　选择"心跳"动画

10.3　后期处理

当用户导入素材和制作效果后，接下来可以对视频进行后期编辑处理，主要包括设置比例和背景及导出视频。

10.3.1　设置比例和背景

由于照片素材的规格不统一，所以，后期要设置统一的比例和背景样式，让视频变得整体化。下面介绍在剪映中设置比例和背景的操作方法。

▶▶步骤 1　❶单击"原始"按钮，设置比例为 9:16；❷切换至"背景"选项卡；❸在"背景填充"的下拉按钮中选择"模糊"选项，选择第 1 个"模糊"背景样式；❹单击"应用到全部"按钮，如图 10-34 所示。

图 10-34　单击"应用到全部"按钮

10.3.2　导出视频

所有操作完成后，即可导出视频，在"导出"面板中可以设置相应的参数，导出之后还可以直接分享到其他平台中。下面介绍在剪映中导出视频的操作方法。

▶▶步骤 1　操作完成后，单击"导出"按钮，如图 10-35 所示。

▶▶步骤 2　❶在弹出的"导出"面板中更改"作品名称"；❷单击"导出至"右侧的按钮■，设置相应的保存路径；❸单击"导出"按钮，如图 10-36 所示。

图 10-35 单击"导出"按钮（1）

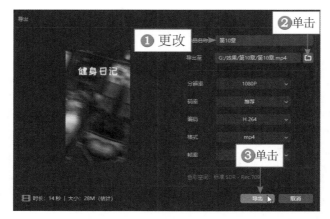

图 10-36 单击"导出"按钮（2）

▶▶ 步骤3 导出视频后，单击"关闭"按钮，即可结束操作，如图 10-37 所示。

图 10-37 单击"关闭"按钮

第 **11** 章

照片变视频：
《湘江新城》

在剪映电脑版中用一张照片也可以制作出精美的视频，不仅功能简单好用，而且上手难度低，只要你熟悉手机版剪映，就能轻松驾驭电脑版，轻松制作出"艺术大作"。本章主要介绍用一张照片就可以制作出大气的视频——《湘江新城》。

☀ 效果图片欣赏

11.1 效果欣赏与导入素材

在用一张照片制作短视频之前，首先带领读者预览视频的画面效果，在介绍制作方法之前，先欣赏一下视频的效果，然后才是导入素材。下面展示效果并介绍导入素材的操作方法。

11.1.1 效果欣赏

【效果展示】在剪映中运用关键帧功能可以让照片变成动态的视频，方法也非常简单，效果如图 11-1 所示。

扫码看案例效果

图 11-1 《湘江新城》效果展示

11.1.2 导入素材

这个短视频是由一张照片组合制作而成的，制作视频的第 1 步就是
导入一张照片素材。下面介绍在剪映中导入素材的操作方法。

扫码看教学视频

▶▶ 步骤 1　进入视频剪辑界面，在"媒体"功能区中单击"导入
素材"按钮，如图 11-2 所示。

▶▶ 步骤 2　弹出"请选择媒体资源"对话框，❶选择相应的素材；❷单击"打开"
按钮，如图 11-3 所示。

图 11-2　单击"导入素材"按钮

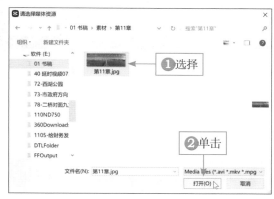

图 11-3　单击"打开"按钮

▶▶ 步骤 3　执行操作后，即可把照片素材导入视频轨道中，如图 11-4 所示。

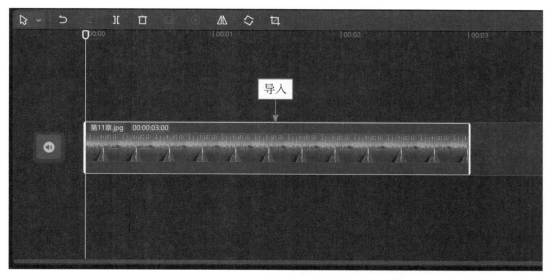

图 11-4　导入视频轨道中

▶▶ 步骤 4　在视频轨道中选择素材，拖动素材右侧的白框至 00:00:30:00，如
图 11-5 所示。

第 11 章

照片变视频：《湘江新城》

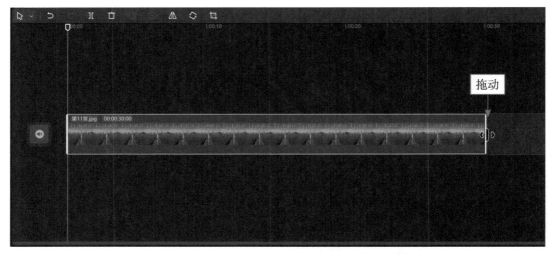

图 11-5　拖动素材至 00:00:30:00

11.2　制作效果与导出视频

导入素材后，即可对素材进行加工制作效果，让一张照片变成一个视频。下面主要介绍如何添加音乐、关键帧和文字，让照片变成动态视频。

11.2.1　添加音乐

在添加背景音乐时，可以将其他视频中的歌曲添加到素材中，这样会更加方便和快捷，下面介绍在剪映中添加音乐的操作方法。

▶▶ 步骤1　❶单击"音频"按钮；❷切换至"音频提取"选项卡；❸单击"导入素材"按钮，如图 11-6 所示。

扫码看教学视频

▶▶ 步骤2　弹出"请选择媒体资源"对话框，❶选择要提取音乐的视频文件；❷单击"打开"按钮，如图 11-7 所示。

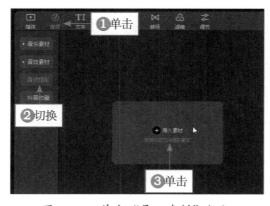

图 11-6　单击"导入素材"按钮

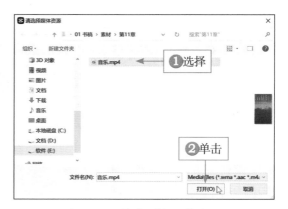

图 11-7　单击"打开"按钮

▶▶ 步骤 3   单击"提取音频"右下角的⊕按钮，添加背景音乐，调整音乐时长，如图 11-8 所示。

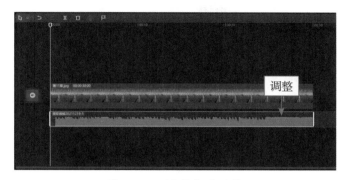

图 11-8　调整音乐时长

11.2.2　添加关键帧

素材的动态离不开关键帧，添加合适的关键帧，能让素材之间的连接更加自然，下面介绍在剪映中添加关键帧的操作方法。

▶▶ 步骤 1   单击"原始"按钮，弹出下拉按钮，选择"9:16（抖音）"选项，如图 11-9 所示。

扫码看教学视频

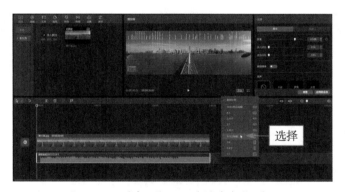

图 11-9　选择"9:16（抖音）"选项

▶▶ 步骤 2   调整素材画面使其铺满屏幕，❶单击"位置"右侧的关键帧按钮，添加关键帧；❷调整素材位置，使画面最左边的位置为视频起始位置，如图 11-10 所示。

图 11-10　调整素材位置

步骤 3 拖动时间指示器至视频末尾位置，如图 11-11 所示。

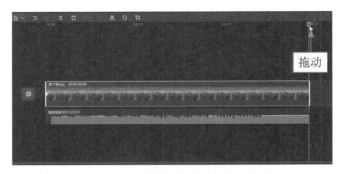

图 11-11 拖动时间指示器至视频末尾

步骤 4 ❶调整素材位置，使画面最右边的位置为视频末尾位置；❷"位置"会自动添加关键帧，如图 11-12 所示。

图 11-12 自动添加关键帧

步骤 5 视频起始位置和末尾位置中白色和蓝色的小点，就代表添加的两个关键帧，如图 11-13 所示。

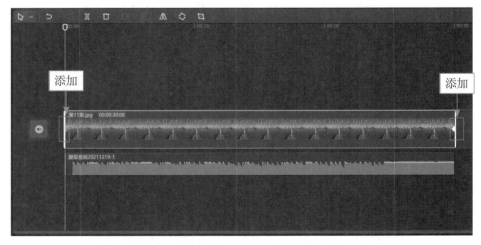

图 11-13 添加的两个关键帧

11.2.3 导出视频

所有操作完成后，即可导出视频，在"导出"面板中可以设置相应的
参数，导出之后还可以直接分享到其他平台中。下面介绍在剪映中导出
视频的操作方法。

扫码看教学视频

▶▶ 步骤 1　操作完成后，单击"导出"按钮，如图 11-14 所示。

▶▶ 步骤 2　❶在弹出的"导出"面板中更改"作品名称"；❷单击"导出至"右
侧的按钮，设置相应的保存路径；❸单击"导出"按钮，如图 11-15 所示。

图 11-14　单击"导出"按钮

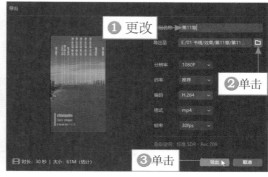

图 11-15　单击"导出"按钮

▶▶ 步骤 3　导出视频后，单击"关闭"按钮，即可结束操作，如图 11-16 所示。

图 11-16　单击"关闭"按钮

第 **12** 章

图书宣传案例：
《延时摄影》

在各大网络电商贸易平台，如淘宝、当当、京东等，经常都能看到图书的宣传视频，用视频的方法介绍产品会比图片更加直观，也更有利于推销产品，好的宣传视频能带来更多的销量。本章主要向大家介绍制作图书宣传视频的方法，帮助大家掌握制作思路。

▶ 效果欣赏与导入素材

▶ 制作效果与导出视频

效果图片欣赏

12.1　效果欣赏与导入素材

在制作视频之前，首先需要获得产品的宣传图片素材、背景素材，背景画面一定要和素材画面和谐，才能让两者完美地融合在一起，当然，宣传视频也少不了特点文案。在介绍制作方法之前，先欣赏一下视频效果，然后才是导入素材。下面展示效果和介绍导入素材的操作方法。

12.1.1　效果欣赏

【效果展示】图书宣传视频可以分为三个部分，开头、中间内容和结尾，开头先介绍书名和作者，中间内容介绍图书的亮点部分，结尾介绍出版社，这样的结构能让读者在几十秒内获得图书的重点信息，效果如图 12-1 所示。

扫码看案例效果

图 12-1　《延时摄影》效果展示

12.1.2　导入素材

制作视频的第 1 步就是导入准备好的照片和视频素材。下面介绍在
剪映中导入素材的操作方法。

扫码看教学视频

▶▶ 步骤 1　❶在剪映中选择"本地"面板中的背景视频素材；
❷单击第 1 个素材右下角的按钮，如图 12-2 所示。

▶▶ 步骤 2　在视频轨道中，单击"关闭原声"按钮，为视频设置静音效果，如
图 12-3 所示。

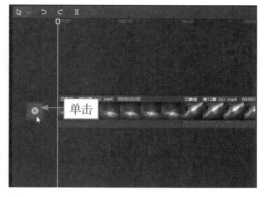

图 12-2　单击相应按钮（1）　　　　　图 12-3　单击相应按钮（2）

▶▷ 步骤 3　在视频轨道中选择第 1 段素材，❶设置 0.7x 的变速效果，❷调整相应时长，如图 12-4 所示。

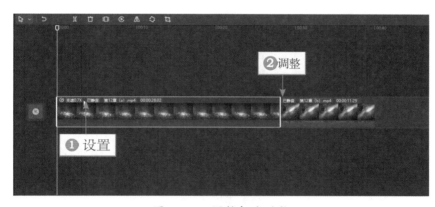

图 12-4　调整相应时长

专家指点：用户可以根据自己的素材设置相应的变速时长。

▶▷ 步骤 4　执行操作后，将其他视频和图片添加至画中画轨道中的合适位置，并调整相应时长，如图 12-5 所示。

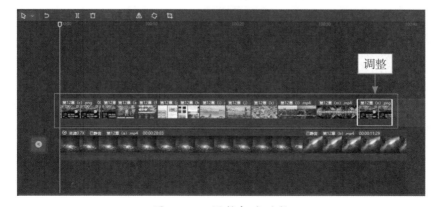

图 12-5　调整相应时长

12.2　制作效果与导出视频

　　本节主要介绍图书宣传视频的制作过程，如给视频设置关键帧、添加文字和动画等内容，有些方法在前面章节已经有所涉及，所以步骤就不详细介绍了。下面主要介绍如何设置关键帧，添加文字和动画、音乐及导出视频的操作方法。

12.2.1　设置关键帧

　　为了让静止的图片素材动起来，可以在"缩放"和"位置"中设置关键帧，制作出想要的视频效果。下面介绍在剪映中设置关键帧的操作方法。

扫码看教学视频

　　▶▶ 步骤 1　选中画中画轨道中的第 1 段素材，❶单击"位置"和"缩放"右侧的关键帧按钮◆，添加关键帧；❷调整素材画面的大小，如图 12-6 所示。

图 12-6　调整素材画面的大小

　　▶▶ 步骤 2　拖动时间指示器至视频 00:00:02:20 的位置，如图 12-7 所示。

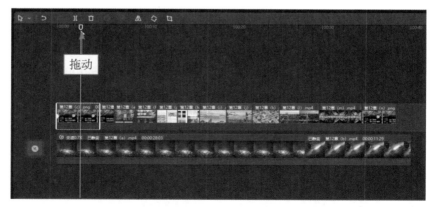

图 12-7　拖动时间指示器至合适的位置

　　▶▶ 步骤 3　❶调整素材的大小和位置至画面左侧；❷"位置"和"缩放"会自动添加关键帧，如图 12-8 所示。

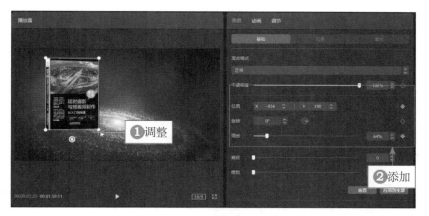

图 12-8　自动添加关键帧

▶▶ 步骤 4　选中画中画轨道中的最后一段素材，❶单击"位置"和"缩放"右侧的关键帧按钮 ，添加关键帧；❷调整素材画面的大小，如图 12-9 所示。

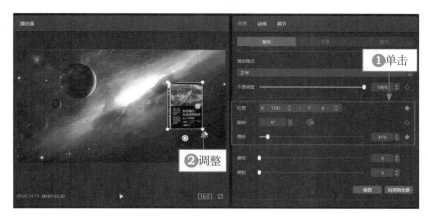

图 12-9　调整素材画面的大小

▶▶ 步骤 5　执行操作后，拖动时间指示器至 00:00:36:00 的位置，如图 12-10 所示。

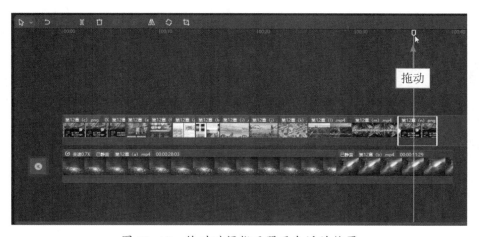

图 12-10　拖动时间指示器至合适的位置

▶▶ 步骤6 ❶再次调整素材的大小和位置；❷"位置"和"缩放"会自动添加关键帧，如图 12-11 所示。

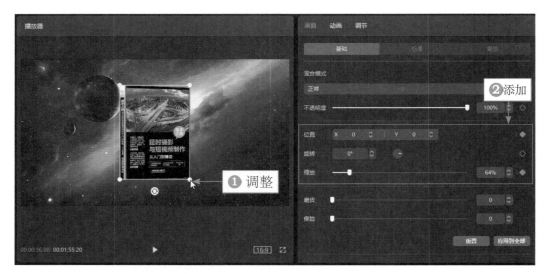

图 12-11　自动添加关键帧

12.2.2　添加文字和动画

添加文字和动画效果，能丰富视频的内容。下面介绍怎么在剪映中添加文字和动画。

扫码看教学视频

▶▶ 步骤1 ❶切换至"文本"功能区；❷单击"默认文本"中的 按钮，如图 12-12 所示。

▶▶ 步骤2 调整文字的位置和时长，对齐第 2 段素材的末尾位置，如图 12-13 所示。

图 12-12　单击"默认文本"中的 按钮

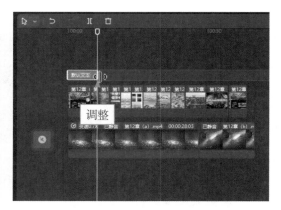

图 12-13　调整位置和时长

▶▶ 步骤3 ❶输入相应文字；❷设置字体和颜色；❸调整字体大小和位置，如图 12-14 所示。

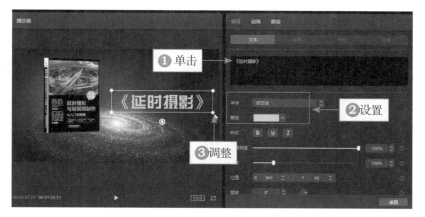

图 12-14　调整字体大小和位置

▶▶ 步骤 4 　❶单击"动画"按钮；❷选择"生长"入场动画；❸设置"动画时长"为 5.0s，如图 12-15 所示。

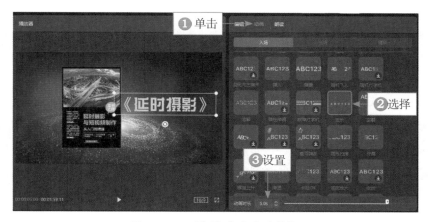

图 12-15　设置"动画时长"

▶▶ 步骤 5 　为画中画轨道中的第 1 段素材添加"旋转伸缩"动画，如图 12-16 所示。

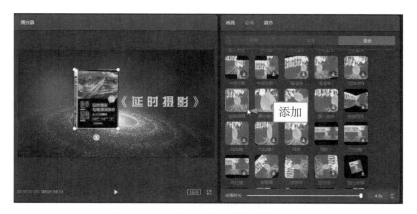

图 12-16　添加"旋转伸缩"动画

▶▶ 步骤 6 　❶为画中画轨道中的第 2 段素材添加"渐显"动画；❷调整素材大小，如图 12-17 所示。

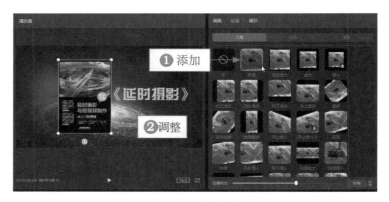

图 12-17　调整素材大小

步骤 7 ①切换至"文本"功能区；②单击"默认文本"中的 ➕ 按钮，如图 12-18 所示。

步骤 8 调整文字的位置和时长，对齐第 3 段素材的末尾位置，如图 12-19 所示。

图 12-18　单击"默认文本"中的 ➕ 按钮

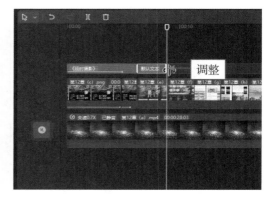

图 12-19　调整文字的位置和时长

步骤 9 ①输入相应文字；②设置字体和颜色；③调整文字的大小和位置，如图 12-20 所示。

图 12-20　调整文字的大小和位置

步骤 10 ①单击"动画"按钮；②选择"生长"入场动画；③设置"动画时长"为 2.4s，如图 12-21 所示。

图 12-21 设置"动画时长"参数

▶▶ 步骤11 ❶为画中画轨道中第 3 段素材添加"向右下甩入"动画；❷设置"动画时长"为 2.0s；❸调整素材画面的大小和位置，如图 12-22 所示。

图 12-22 调整素材画面的大小和位置

▶▶ 步骤12 ❶切换至"文本"功能区；❷单击"默认文本"中的 ➕ 按钮，如图 12-23 所示。

▶▶ 步骤13 调整文字的位置和时长，对齐第 4 段素材的末尾位置，如图 12-24 所示。

图 12-23 单击"默认文本"中的 ➕ 按钮

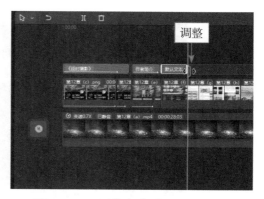

图 12-24 调整文字的位置和时长

▶▶ 步骤14 ❶输入相应文字；❷设置字体和颜色；❸调整大小和位置，如图 12-25 所示。

图 12-25　调整大小和位置

▶▶ 步骤15 ❶单击"动画"按钮；❷选择"生长"入场动画；❸设置"动画时长"为 2.2s，如图 12-26 所示。

图 12-26　设置"动画时长"

▶▶ 步骤16 ❶为画中画轨道中第 4 段素材添加"四格滑动"动画；❷设置"动画时长"为 2.4s；❸调整素材画面的大小和位置，如图 12-27 所示。

图 12-27　调整素材画面的大小和位置

▶▶ 步骤17 ❶切换至"文本"功能区；❷单击"默认文本"中的 ⊞ 按钮，如图 12-28 所示。

▶▶ 步骤18 调整文字的位置和时长，对齐第 6 段素材的末尾位置，如图 12-29 所示。

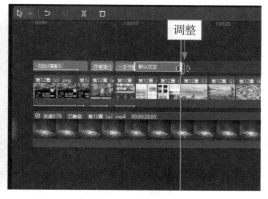

图 12-28 单击"默认文本"中的 ⊞ 按钮 　　　图 12-29 调整文字的位置和时长

▶▶ 步骤19 ❶输入相应文字；❷设置字体和颜色；❸调整大小和位置，如图 12-30 所示。

图 12-30 调整大小和位置

▶▶ 步骤20 ❶单击"动画"按钮；❷选择"生长"入场动画；❸设置"动画时长"为 2.3s，如图 12-31 所示。

图 12-31 设置"动画时长"参数

▶▶ 步骤21 为画中画轨道中第 5 段和第 6 段素材添加"旋转伸缩"和"缩放"动画，设置相应的动画时长，调整素材画面的大小和位置，如图 12-32 所示。

▶▶ 步骤22 为画中画轨道中的第 7 段素材❶添加"旋转缩小"动画；❷调整画画的大小和位置，如图 12-33 所示。

图 12-32 调整素材画面的大小和位置

图 12-33 调整画面的大小和位置

▶▶ 步骤23 为画中画轨道中第 8 段至第 12 段素材分别添加"旋转缩小""旋入晃动""左右分割 Ⅱ""抖入放大""向上滑动"动画，设置相应的动画时长，调整素材画面的大小和位置，效果如图 12-34 所示。

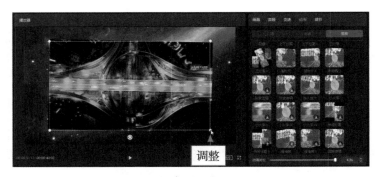

图 12-34 调整素材画面的大小和位置

▶▶ 步骤24 ❶切换至"文本"功能区；❷单击"默认文本"中的 ➕ 按钮，如图 12-35 所示。

▶▶ 步骤25 调整文字的位置和时长，对齐视频轨道中的末尾位置，如图 12-36 所示。

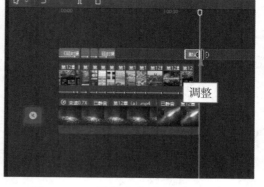

图 12-35 单击"默认文本"中的 ➕ 按钮　　　图 12-36 调整文字的位置和时长

▶▶ 步骤26 ❶输入相应文字；❷设置字体和颜色；❸调整大小和位置，如图 12-37 所示。

图 12-37 调整大小和位置

▶▶ 步骤27 ❶单击"动画"按钮；❷选择"生长"入场动画；❸设置"动画时长"为 0.7s，如图 12-38 所示。

图 12-38 设置"动画时长"

▶▶ 步骤28 ❶切换至"文本"功能区；❷单击"默认文本"中的 ➕ 按钮，如图 12-39 所示。

▶▶ 步骤29 调整文字的位置和时长，对齐视频轨道中的末尾位置，如图 12-40 所示。

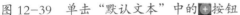

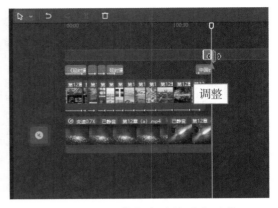

图 12-39 单击"默认文本"中的 ⊕ 按钮　　　　图 12-40 调整文字的位置和时长

▶▶ 步骤30 ❶输入相应文字；❷设置字体和颜色；❸调整大小和位置，如图 12-41 所示。

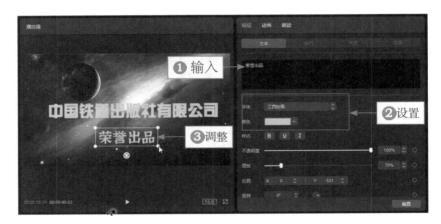

图 12-41 调整大小和位置

▶▶ 步骤31 ❶单击"动画"按钮；❷选择"开幕"入场动画；❸设置"动画时长"为 1.5s，如图 12-42 所示。

图 12-42 设置"动画时长"

12.2.3 添加背景音乐

视频中的背景音乐是必不可少的。下面介绍在剪映中添加背景音乐的操作方法。

扫码看教学视频

▶▶ 步骤 1　❶单击"音频"按钮；❷切换至"音频提取"选项卡；❸单击"导入素材"按钮，如图 12-43 所示。

▶▶ 步骤 2　❶选择要提取音乐的视频文件；❷单击"打开"按钮，如图 12-44 所示。

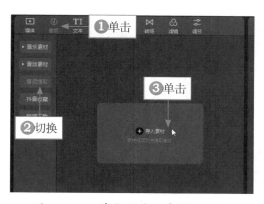

图 12-43　单击"导入素材"按钮

图 12-44　单击"打开"按钮

▶▶ 步骤 3　单击"提取音频"右下角的 ⊕ 按钮，添加背景音乐，调整音频的时长，对齐视频素材的时长，如图 12-45 所示。

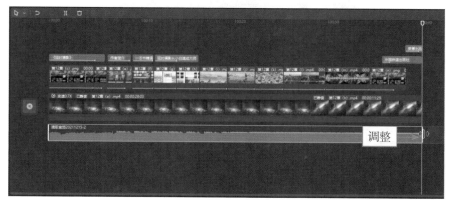

图 12-45　调整音频的时长

12.2.4 导出视频

所有操作完成后，即可导出视频。在"导出"面板中可以设置相应的参数，导出之后还可以直接分享到其他平台中。下面介绍在剪映中导出视频的操作方法。

▶▶ 步骤 1　操作完成后，单击"导出"按钮，如图 12-46 所示。

扫码看教学视频

▶▶ 步骤2 ❶在弹出的"导出"面板中更改"作品名称"；❷单击"导出至"右侧的按钮 📁，设置相应的保存路径；❸单击"导出"按钮，如图 12-47 所示。

图 12-46 单击"导出"按钮　　　　　　　图 12-47 单击"导出"按钮

▶▶ 步骤3 导出视频后，单击"关闭"按钮，即可结束操作，如图 12-48 所示。

图 12-48 单击"关闭"按钮

第**13**章

年度总结照片：《长沙，2021印记》

剪映除了可以用视频素材来制作视频效果，也可以用照片素材来制作视频效果。本章主要向大家介绍制作照片视频的方法，帮助大家掌握制作思路。

新手重点索引

▶ 效果欣赏与导入素材
▶ 制作效果与导出视频

效果图片欣赏

13.1　效果欣赏与导入素材

年度总结照片是由多张照片组合在一起的长视频，因此，在制作时要挑选照片素材，定好照片素材片段，在制作时还要考虑照片的逻辑和分类排序，之后制作效果再导出。在介绍制作方法之前，先欣赏一下视频的效果，然后才是导入素材。下面展示效果和介绍导入素材的操作方法。

扫码看案例效果

13.1.1　效果欣赏

【效果展示】这个年度总结照片视频是由七十多张照片组合在一起的，因此，在照片开头要介绍照片视频的主题，效果如图 13-1 所示。

图 13-1 《长沙，2021 印记》效果展示

13.1.2 导入素材

制作视频的第 1 步就是导入准备好的照片素材。下面介绍在剪映中
导入素材的具体操作方法。

　　▶▶ 步骤 1 　❶在剪映中全选"本地"面板中的照片素材；❷单击
第 1 个素材右下角的 按钮，如图 13-2 所示。

扫码看教学视频

　　▶▶ 步骤 2 　操作完成后，即可将素材导入视频轨道中，如图 13-3 所示。

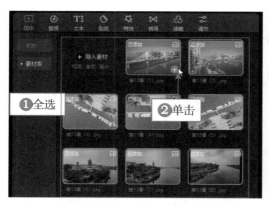

图 13-2　单击相应按钮

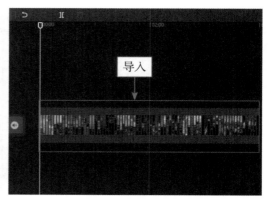

图 13-3　导入视频轨道中

13.2　制作效果与导出视频

本节主要介绍年度总结照片的制作过程，如给视频添加音乐、文字和动画等内容，有些方法前面章节已经有所涉及，所以，步骤就不详细介绍了。下面主要介绍添加音乐及文字动画的操作方法。

扫码看教学视频

13.2.1　添加音乐

如果用户看到其他背景音乐好听的视频，也可以将其保存到电脑中，并通过剪映来提取视频中的背景音乐，将其用到自己的视频中。下面介绍在剪映中添加音乐的操作方法。

▶▶ 步骤 1　❶单击"音频"按钮；❷切换至"音频提取"选项卡；❸单击"导入素材"按钮，如图 13-4 所示。

▶▶ 步骤 2　弹出"请选择媒体资源"对话框，❶选择需要提取音乐的视频文件；❷单击"打开"按钮，如图 13-5 所示。

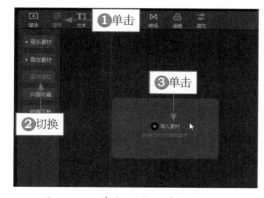

图 13-4　单击"导入素材"按钮

图 13-5　单击"打开"按钮

▶▶ 步骤 3　单击"提取音频"右下角的 ⊕ 按钮，添加背景音乐，调整音乐时长，如图 13-6 所示。

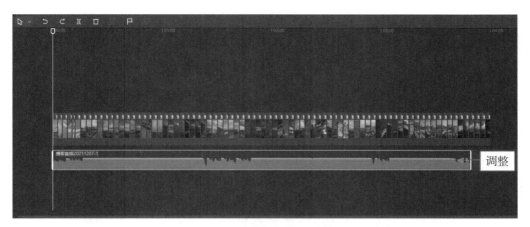

图 13-6　调整音乐时长

▶▶ 步骤4　❶拖动时间指示器至 00:00:08:05，单击"手动踩点"按钮 <!--icon-->，如图 13-7 所示。

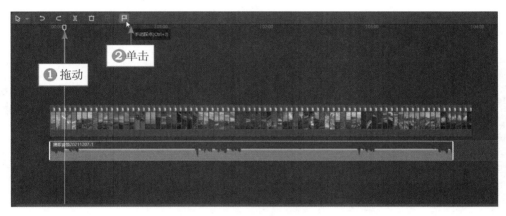

图 13-7　单击"手动踩点"按钮

▶▶ 步骤5　在视频轨道中选择第 1 张照片素材，并调整照片素材的时长至合适位置，如图 13-8 所示。

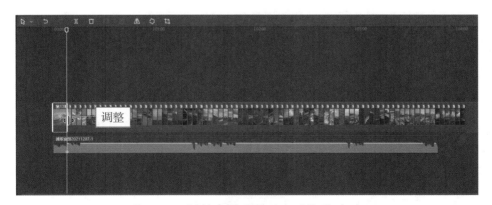

图 13-8　调整素材时长至合适位置（1）

▶▶ 步骤6　在"播放器"面板中调整图片画面大小，如图 13-9 所示。

图 13-9　调整图片画面大小（1）

▶▶ 步骤7　执行操作后，拖动时间指示器至 00:00:10:06 的位置，单击"手动踩点"按钮█，在视频轨道中选择第 2 张照片素材，调整素材时长至合适位置，如图 13-10 所示。

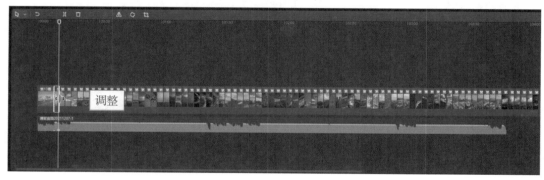

图 13-10　调整素材时长至合适位置（2）

▶▶ 步骤8　在"播放器"面板中调整图片画面大小，如图 13-11 所示。

图 13-11　调整图片画面大小（2）

▶▶ 步骤9 执行操作后，拖动时间指示器至00:00:12:07的位置，单击"手动踩点"按钮 🅰️，在视频轨道中选择第3张照片素材，调整素材时长，如图13-12所示。

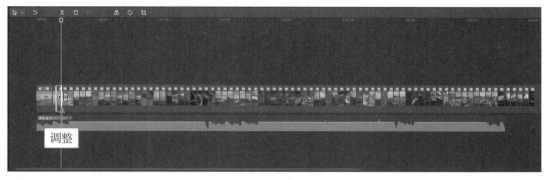

图 13-12 调整素材时长至合适位置（3）

▶▶ 步骤10 在"播放器"面板中调整图片画面大小，如图13-13所示。

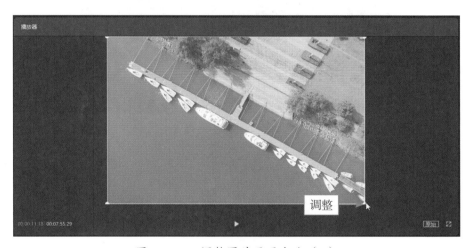

图 13-13 调整图片画面大小（3）

▶▶ 步骤11 执行操作后，拖动时间指示器至00:00:14:12的位置，单击"手动踩点"按钮 🅰️，在视频轨道中选择第4张照片素材，调整素材时长，如图13-14所示。

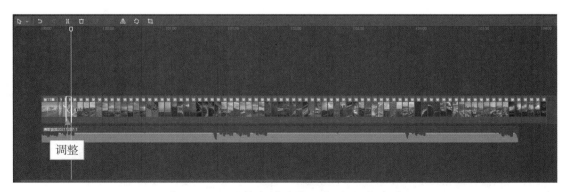

图 13-14 调整素材时长至合适位置（4）

▶▶ 步骤12 在"播放器"面板中调整图片画面大小，如图13-15所示。

年度总结照片：《长沙，2021印记》

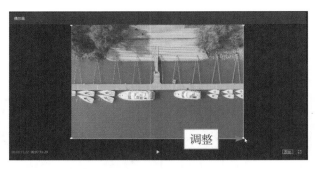

图 13-15　调整图片画面大小（4）

▶▶ 步骤 13　用与上相同的操作方法，继续手动添加小黄点，根据小黄点的位置调整剩下素材的时长，并删除多余的音乐，如图 13-16 所示。

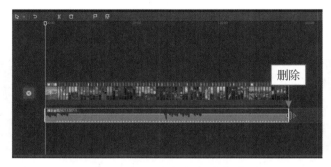

图 13-16　删除多余的音乐

13.2.2　添加文字和动画

在剪映中为视频添加文字后，用户还可以给文字添加入场动画、出场动画和循环动画效果，让文字更具动态感，下面介绍在剪映中添加文字和动画的操作方法。

扫码看教学视频

▶▶ 步骤 1　拖动时间指示器至视频起始位置，❶切换至"文本"功能区；❷单击"默认文本"中的 按钮，如图 13-17 所示。

▶▶ 步骤 2　调整文字的时长，对齐第 1 段素材的末尾位置，如图 13-18 所示。

图 13-17　单击"默认文本"中的 按钮

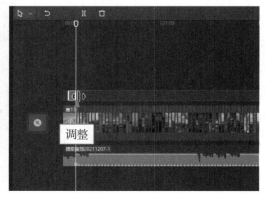

图 13-18　调整位置和时长

步骤3 ❶输入相应文字；❷设置相应字体；❸在"样式"选项卡中单击"加粗"按钮**B**；❹调整字体大小和位置，如图13-19所示。

图13-19 调整字体大小和位置

步骤4 ❶单击"动画"按钮；❷选择"打字机Ⅱ"入场动画；❸设置"动画时长"为2.6s，如图13-20所示。

图13-20 设置"动画时长"（1）

步骤5 ❶切换至"出场"选项卡；❷选择"渐隐"出场动画；❸设置"动画时长"为0.6s，如图13-21所示。

图13-21 设置"动画时长"（2）

步骤6 进入视频剪映界面，在"媒体"功能区中单击"导入素材"按钮，如图13-22所示。

▶▶ 步骤 7　弹出"请选择媒体资源"对话框，❶选择相应的视频素材；❷单击"打开"按钮，如图 13-23 所示。

图 13-22　单击"导入素材"按钮

图 13-23　单击"打开"按钮

▶▶ 步骤 8　把消散粒子素材拖动至画中画轨道中，并调整其位置，对齐视频素材位置，如图 13-24 所示。

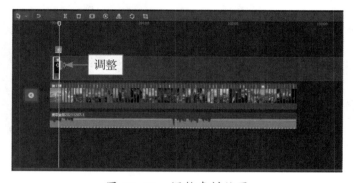

图 13-24　调整素材位置

▶▶ 步骤 9　❶在"混合模式"面板中选择"滤色"选项；❷调整粒子素材的位置，使消散的范围刚好覆盖文字，如图 13-25 所示。

图 13-25　调整粒子素材的位置

▶▶ 步骤 10　❶切换至"特效"功能区；❷展开"基础"选项卡；❸单击"开幕"特效中的 ⊕ 按钮，如图 13-26 所示。

▶▶ 步骤 11　执行操作后，调整特效时长至合适位置，如图 13-27 所示。

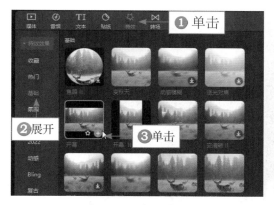

图 13-26　单击"开幕"特效中的■按钮

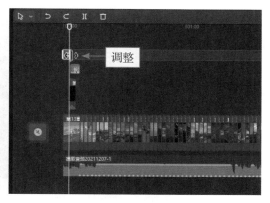

图 13-27　调整特效时长

▶▶ 步骤 12　将时间线移至最后一段素材，❶单击"媒体"按钮；❷切换至"素材库"选项卡；❸在黑白场中选择相应选项，如图 13-28 所示。

▶▶ 步骤 13　在视频轨道中调整素材的时长，如图 13-29 所示。

图 13-28　选择相应选项

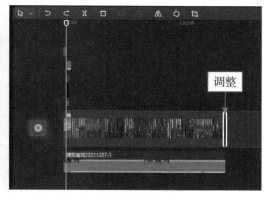

图 13-29　调整素材的时长

▶▶ 步骤 14　切换至"文本"功能区，单击"默认文本"中的■按钮，调整文字的时长，对齐素材的末尾位置，❶更改文字内容；❷选择合适的字体；❸调整文字的大小和位置，如图 13-30 所示。

图 13-30　调整文字的大小和位置

步骤 15 ❶单击"动画"按钮；❷切换至"入场"选项卡；❸选择"打字机Ⅱ"动画选项；❹设置"动画时长"为 0.8s，如图 13-31 所示。

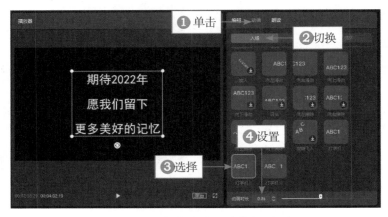

图 13-31　设置"动画时长"（3）

步骤 16 ❶单击"动画"按钮；❷切换至"出场"选项卡；❸选择"溶解"动画选项；❹设置"动画时长"为 0.6s，如图 13-32 所示。

图 13-32　设置"动画时长"（4）

步骤 17 调整音乐的时长，对齐视频素材时长，如图 13-33 所示。

图 13-33　调整音乐的时长

13.2.3　导出视频

所有操作完成后，即可导出视频，在"导出"面板中可以设置相应的参数，导出之后还可以直接分享到其他平台中。下面介绍在剪映中导出视频的操作方法。

▶▶ 步骤1　操作完成后，单击"导出"按钮，如图 13-34 所示。

▶▶ 步骤2　❶在弹出的"导出"面板中更改"作品名称"；❷单击"导出至"右侧的按钮🗀，设置相应的保存路径；❸单击"导出"按钮，如图 13-35 所示。

图 13-34　单击"导出"按钮

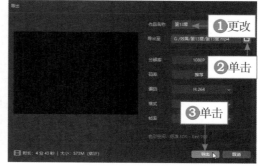

图 13-35　单击"导出"按钮

▶▶ 步骤3　导出视频后，单击"关闭"按钮，即可结束操作，如图 13-36 所示。

图 13-36　单击"关闭"按钮

第**14**章

年度总结视频：
《韵美长沙》

电脑版剪映界面高端大气、功能强大、布局灵活，为电脑端用户提供了更舒适的创作剪辑条件。不仅功能简单好用，素材也非常丰富，而且上手难度低，只要你熟悉手机版剪映，就能轻松驾驭电脑版，轻松制作出"艺术大作"。本章主要介绍在电脑版剪映中如何制作年度总结视频。

效果图片欣赏

福元路大桥

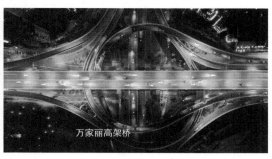

杜甫江阁

万家丽高架桥

14.1 效果欣赏与导入素材

年度总结视频是由多个视频片段组合在一起的长视频，因此，在制作时要挑选素材，定好视频片段，在制作时还要考虑视频的逻辑和分类排序，之后制作效果再导出。在介绍制作方法之前，先欣赏一下视频的效果，然后才是导入素材。下面展示效果和介绍导入素材的操作方法。

扫码看案例效果

14.1.1 效果欣赏

【效果展示】这个年度总结视频是由几十个地点延时视频组合在一起的，在视频开头要先介绍视频的主题，主要介绍每个视频的地点，结尾则主要起着承上启下的作用，效果如图 14-1 所示。

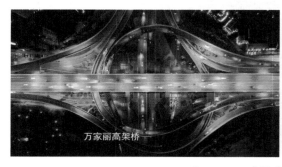

图 14-1　《韵美长沙》效果展示

14.1.2　导入素材

制作视频的第 1 步就是导入准备好的照片和视频素材。下面介绍在剪映中导入素材的操作方法。

扫码看教学视频

▶▶ 步骤 1　进入视频剪辑界面，在"媒体"功能区中单击"导入素材"按钮，如图 14-2 所示。

▶▶ 步骤 2　弹出"请选择媒体资源"对话框，❶选择相应的视频素材；❷单击"打开"按钮，如图 14-3 所示。

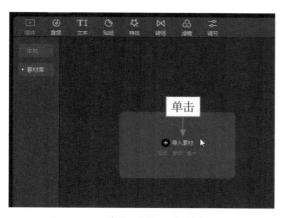

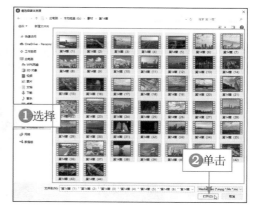

图 14-2　单击"导入素材"按钮　　　　　图 14-3　单击"打开"按钮

▶▶ 步骤 3 ❶在剪映中全选"本地"面板中的地点视频素材；❷单击第 1 个素材右下角的 ➕ 按钮，如图 14-4 所示。

▶▶ 步骤 4 操作完成后，即可将素材导入视频轨道中，如图 14-5 所示。

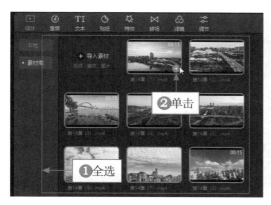

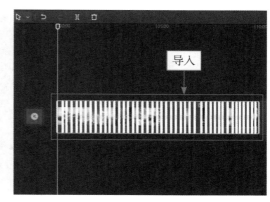

图 14-4　单击相应按钮　　　　　　　图 14-5　导入视频轨道中

14.2　制作效果与导出视频

本节主要介绍年度总结视频的制作过程，如给视频添加音乐、文字和动画等内容，有些方法前面章节已经有所涉及，所以步骤就不详细介绍了。下面主要介绍添加音乐、文字和动画的操作方法。

14.2.1　添加音乐

为了防止视频片段的过渡过于单调，可以给视频添加合适的背景音乐效果，提高视频的观赏性。下面介绍在剪映中添加音乐的操作方法。

▶▶ 步骤 1 ❶单击"音频"按钮；❷切换至"抖音收藏"选项卡，如图 14-6 所示。

扫码看教学视频

▶▶ 步骤 2 添加合适的背景音乐，如图 14-7 所示。

图 14-6 切换至"抖音收藏"选项卡　　　图 14-7 添加合适的背景音乐

▶▶ 步骤 3 ❶在视频轨道中单击"关闭原声"按钮 ◀× ；❷单击"自动踩点"按钮 ■ ；❸选择"踩节拍 I "选项，如图 14-8 所示。

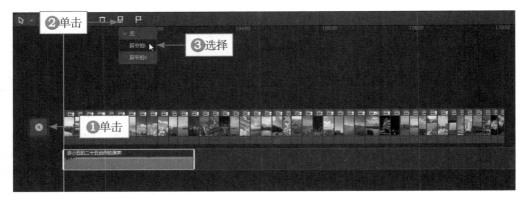

图 14-8 选择"踩节拍 I "选项

▶▶ 步骤 4 在视频轨道中选择第 1 段视频素材，❶单击"变速"按钮；❷切换至"常规变速"选项卡；❸拖动"倍速"滑块至数值 1.1x，如图 14-9 所示。

图 14-9 拖动"倍数"滑块（1）

步骤5 将时间指示器移至00：00：05：14，在视频轨道中选择第1段视频素材，调整素材时长与相应小黄点的位置对齐，如图14-10所示。

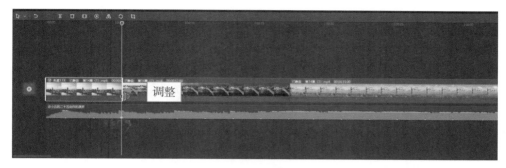

图14-10 调整素材时长

步骤6 在视频轨道中选择第2段视频素材，❶单击"变速"按钮；❷切换至"常规变速"选项卡；❸拖动"倍速"滑块至数值1.5x，如图14-11所示。

图14-11 拖动"倍数"滑块（2）

步骤7 将时间指示器移至00：00：09：13，在视频轨道中选择第2段视频素材，调整素材时长与相应小黄点的位置对齐，如图14-12所示。

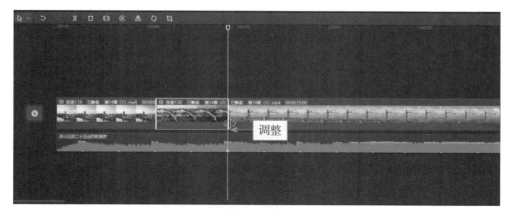

图14-12 调整素材时长

第 14 章

年度总结视频：《韵美长沙》

223

步骤8 在视频轨道中选择第3段视频素材，❶单击"变速"按钮；❷切换至"常规变速"选项卡；❸拖动"倍速"滑块至数值1.4x，如图14-13所示。

图14-13 拖动"倍数"滑块（3）

步骤9 将时间指示器移至00:00:13:13，在视频轨道中选择第3段视频素材，调整素材时长与相应小黄点的位置对齐，如图14-14所示。

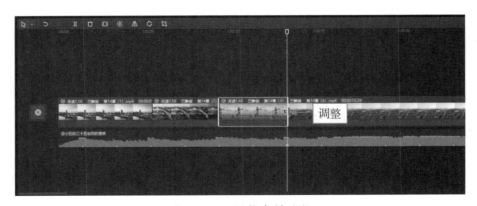

图14-14 调整素材时长

步骤10 在视频轨道中选择第4段视频素材，❶单击"变速"按钮；❷切换至"常规变速"选项卡；❸拖动"倍速"滑块至数值2.0x，如图14-15所示。

图14-15 拖动"倍数"滑块（4）

步骤11 将时间指示器移至00:00:17:13,在视频轨道中选择第4段视频素材,调整素材时长与相应小黄点的位置对齐,如图14-16所示。

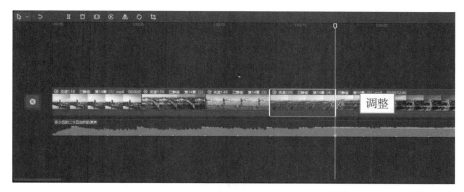

图14-16　调整素材时长

步骤12 在视频轨道中选择第5段视频素材,❶单击"变速"按钮;❷切换至"常规变速"选项卡;❸拖动"倍速"滑块至数值2.0x,如图14-17所示。

图14-17　拖动"倍数"滑块(5)

步骤13 将时间指示器移至00:00:21:06,在视频轨道中选择第5段视频素材,调整素材时长与相应小黄点的位置对齐,如图14-18所示。

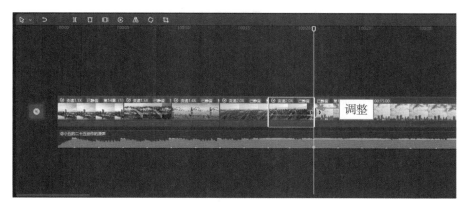

图14-18　调整素材时长

▶▶ 步骤14 在视频轨道中选择第6段视频素材，❶单击"变速"按钮；❷切换至"常规变速"选项卡；❸拖动"倍速"滑块至数值2.0x，如图14-19所示。

图14-19 拖动"倍数"滑块（6）

▶▶ 步骤15 将时间指示器移至00：00：25：06，在视频轨道中选择第6段视频素材，调整素材时长与相应小黄点的位置对齐，如图14-20所示。

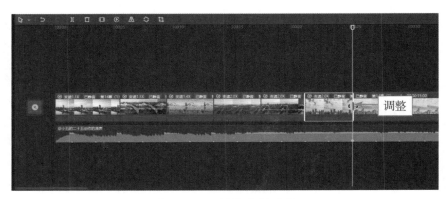

图14-20 调整素材时长

▶▶ 步骤16 在视频轨道中选择第7段视频素材，❶单击"变速"按钮；❷切换至"常规变速"选项卡；❸拖动"倍速"滑块至数值2.0x，如图14-21所示。

图14-21 拖动"倍数"滑块（7）

▶▶ 步骤17 将时间指示器移至00:00:29:06，在视频轨道中选择第7段视频素材，调整素材时长与相应小黄点的位置对齐，如图14-22所示。

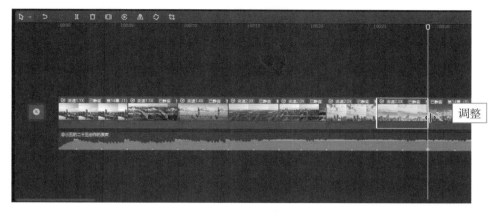

图14-22　调整素材时长

▶▶ 步骤18 在视频轨道中选择第8段视频素材，❶单击"变速"按钮；❷切换至"常规变速"选项卡；❸拖动"倍速"滑块至数值2.0x，如图14-23所示。

图14-23　拖动"倍数"滑块（8）

▶▶ 步骤19 将时间指示器移至00:00:33:15，在视频轨道中选择第8段视频素材，调整素材时长与相应小黄点的位置对齐，如图14-24所示。

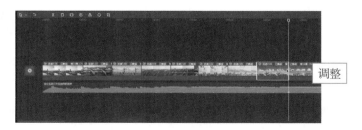

图14-24　调整素材时长

▶▶ 步骤20 用与上相同的操作方法，为剩下的素材设置变速效果并根据小黄点的位置调整素材时长，效果如图14-25所示。

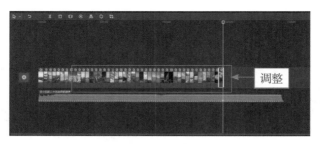

图 14-25 调整素材时长

14.2.2 添加文字

在剪映电脑版的"文本"功能区中切换至"默认"选项卡，在其中可以为视频添加相应的文字。下面介绍在剪映中添加文字的操作方法。

扫码看教学视频

▶▶ 步骤 1 ❶切换至"文本"功能区；❷单击"默认文本"中的 ⊞ 按钮，如图 14-26 所示。

▶▶ 步骤 2 调整文字的时长，对齐第 1 段素材的末尾位置，如图 14-27 所示。

图 14-26 单击"默认文本"中的 ⊞ 按钮

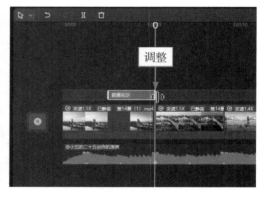

图 14-27 调整文字时长

▶▶ 步骤 3 ❶更改文字内容；❷选择合适的字体；❸调整文字的大小和位置，如图 14-28 所示。

图 14-28 调整文字的大小和位置

　　▶▶ 步骤 4 ❶单击"动画"按钮；❷切换至"入场"选项卡；❸选择"打字机Ⅱ"动画选项；❹设置"动画时长"为 2.0 s，如图 14-29 所示。

图 14-29　设置"动画时长"

　　▶▶ 步骤 5 ❶单击"动画"按钮；❷切换至"出场"选项卡；❸选择"溶解"动画选项；❹设置"动画时长"为 1.5 s，如图 14-30 所示。

图 14-30　设置"动画时长"为 1.5 s

　　▶▶ 步骤 6 ❶切换至"文本"功能区；❷单击"默认文本"中的 ➕ 按钮，如图 14-31 所示。

　　▶▶ 步骤 7 调整文字的时长，对齐第 2 段素材的末尾位置，如图 14-32 所示。

图 14-31　单击"默认文本"中的 ➕ 按钮

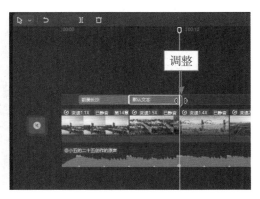

图 14-32　调整文字的时长

步骤8 ❶更改文字内容；❷选择合适的字体；❸调整文字的大小和位置，如图 14-33 所示。

图 14-33　调整文字的大小和位置

步骤9 ❶单击"动画"按钮；❷切换至"入场"选项卡；❸选择"向上滑动"动画选项；❹设置"动画时长"为 2.0 s，如图 14-34 所示。

图 14-34　设置"动画时长"

步骤10 ❶选择第 2 段文字，右击，弹出相应对话框；❷选择"复制（Ctrl+C）"选项，如图 14-35 所示。再右击，选择"粘贴（Ctrl+V）"选项，并修改文本内容。

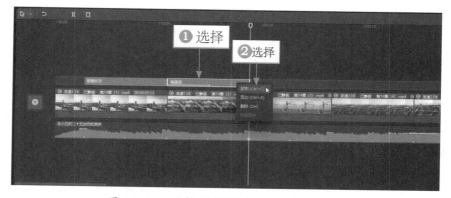

图 14-35　选择"复制（Ctrl+C）"选项

步骤11 用与上相同的操作方法，添加剩下的文字，效果如图 14-36 所示。

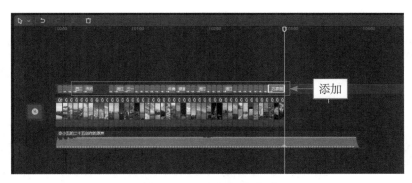

图 14-36 添加相应文字

步骤12 进入视频剪映界面，在"媒体"功能区中单击"导入素材"按钮，如图 14-37 所示。

步骤13 弹出"请选择媒体资源"对话框，❶选择相应的视频素材；❷单击"打开"按钮，如图 14-38 所示。

图 14-37 单击"导入素材"按钮

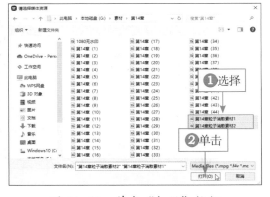

图 14-38 单击"打开"按钮

步骤14 把第 1 个消散粒子素材拖动至画中画轨道中并调整其位置，对齐视频素材位置，如图 14-39 所示。

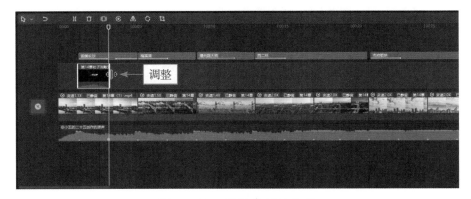

图 14-39 调整素材的位置

步骤15 ❶在"混合模式"面板中选择"滤色"选项；❷调整粒子素材的位置，使消散的范围刚好覆盖文字，如图 14-40 所示。

图 14-40　调整粒子素材的位置

步骤16 把第 2 个消散粒子素材拖动至画中画轨道中并调整其位置，对齐视频素材位置，如图 14-41 所示。

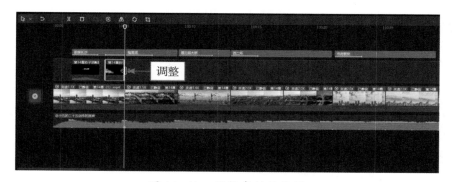

图 14-41　调整素材的位置

步骤17 ❶在"混合模式"面板中选择"滤色"选项；❷调整粒子素材的位置，使消散的范围刚好覆盖文字，如图 14-42 所示。

图 14-42　调整粒子素材的位置

▶▶ 步骤18 ❶切换至"特效"功能区；❷展开"基础"选项卡；❸单击"开幕"特效中的➕按钮，如图 14-43 所示。

▶▶ 步骤19 执行操作后，调整特效时长至合适位置，如图 14-44 所示。

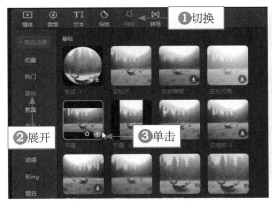

图 14-43 单击"开幕"转场中的➕按钮　　　　图 14-44 调整特效时长

▶▶ 步骤20 拖动时间指示器至视频结束位置，❶单击"媒体"按钮；❷切换至"素材库"选项卡；❸在黑白场中选择相应选项，如图 14-45 所示。

▶▶ 步骤21 在视频轨道中调整素材的时长，如图 14-46 所示。

图 14-45 选择相应选项　　　　图 14-46 调整相应时长

▶▶ 步骤22 切换至"文本"功能区，单击"默认文本"中的➕按钮，调整文字的时长，对齐素材的末尾位置，❶更改文字内容；❷选择合适的字体；❸调整文字的大小和位置，如图 14-47 所示。

图 14-47 调整文字的大小和位置

▶▶ **步骤23** ❶单击"动画"按钮；❷切换至"入场"选项卡；❸选择"打字机Ⅱ"动画选项；❹设置"动画时长"为 0.8 s，如图 14-48 所示。

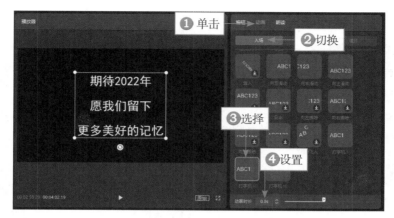

图 14-48 设置"动画时长"参数

▶▶ **步骤24** ❶单击"动画"按钮；❷切换至"出场"选项卡；❸选择"溶解"动画选项；❹设置"动画时长"为 0.6 s，如图 14-49 所示。

图 14-49 设置"动画时长"

▶▶ **步骤25** 调整音乐的时长，对齐视频素材时长，如图 14-50 所示。

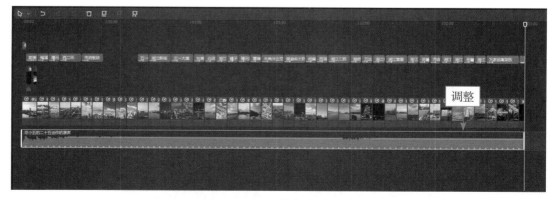

图 14-50 调整音乐的时长

14.2.3 导出视频

所有操作完成后，即可导出视频，在"导出"面板中可以设置相应的
参数，导出之后还可以直接分享到其他平台中。下面介绍在剪映中导出
视频的操作方法。

扫码看教学视频

▶▶ 步骤 1　操作完成后，单击"导出"按钮，如图 14-51 所示。

▶▶ 步骤 2　❶在弹出的"导出"面板中更改"作品名称"；❷单击"导出至"右
侧的按钮🗀，设置相应的保存路径；❸单击"导出"按钮，如图 14-52 所示。

图 14-51　单击"导出"按钮

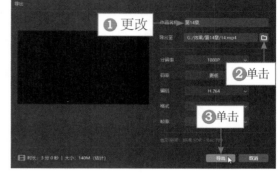

图 14-52　单击"导出"按钮

▶▶ 步骤 3　导出视频后，单击"关闭"按钮，即可结束操作，如图 14-53 所示。

图 14-53　单击"关闭"按钮

第 14 章

年度总结视频：《韵美长沙》

235

读 者 意 见 反 馈 表

亲爱的读者：

感谢您对中国铁道出版社有限公司的支持，您的建议是我们不断改进工作的信息来源，您的需求是我们不断开拓创新的基础。为了更好地服务读者，出版更多的精品图书，希望您能在百忙之中抽出时间填写这份意见反馈表发给我们。随书纸制表格请在填好后剪下寄到：北京市西城区右安门西街8号中国铁道出版社有限公司大众出版中心 张亚慧收（邮编：100054）。或者采用传真（010-63549458）方式发送。此外，读者也可以直接通过电子邮件把意见反馈给我们，E-mail地址是：lampard@vip.163.com。我们将选出意见中肯的热心读者，赠送本社的其他图书作为奖励。同时，我们将充分考虑您的意见和建议，并尽可能地给您满意的答复。谢谢！

- -

所购书名：_____

个人资料：

姓名：_____ 性别：_____ 年龄：_____ 文化程度：_____

职业：_____ 电话：_____ E-mail：_____

通信地址：_____ 邮编：_____

- -

您是如何得知本书的：

□书店宣传 □网络宣传 □展会促销 □出版社图书目录 □老师指定 □杂志、报纸等的介绍 □别人推荐
□其他（请指明）_____

您从何处得到本书的：

□书店 □邮购 □商场、超市等卖场 □图书销售的网站 □培训学校 □其他

影响您购买本书的因素（可多选）：

□内容实用 □价格合理 □装帧设计精美 □带多媒体教学光盘 □优惠促销 □书评广告 □出版社知名度
□作者名气 □工作、生活和学习的需要 □其他

您对本书封面设计的满意程度：

□很满意 □比较满意 □一般 □不满意 □改进建议

您对本书的总体满意程度：

从文字的角度 □很满意 □比较满意 □一般 □不满意
从技术的角度 □很满意 □比较满意 □一般 □不满意

您希望书中图的比例是多少：

□少量的图片辅以大量的文字 □图文比例相当 □大量的图片辅以少量的文字

您希望本书的定价是多少：

本书最令您满意的是：

1.
2.

您在使用本书时遇到哪些困难：

1.
2.

您希望本书在哪些方面进行改进：

1.
2.

您需要购买哪些方面的图书？对我社现有图书有什么好的建议？

您更喜欢阅读哪些类型和层次的书籍（可多选）？

□入门类 □精通类 □综合类 □问答类 □图解类 □查询手册类 □实例教程类

您在学习计算机的过程中有什么困难？

您的其他要求：